煤泥水固液分离药剂
界面吸附特性

马晓敏 著

中南大学出版社
www.csupress.com.cn

·长沙·

图书在版编目(CIP)数据

煤泥水固液分离药剂界面吸附特性／马晓敏著. ——
长沙：中南大学出版社，2022.3
ISBN 978-7-5487-4712-3

Ⅰ. ①煤… Ⅱ. ①马… Ⅲ. ①煤泥—水—固液分离—
浮选药剂—吸附—作用—研究 Ⅳ. ①TD94

中国版本图书馆 CIP 数据核字(2021)第 232365 号

煤泥水固液分离药剂界面吸附特性
MEINISHUI GUYE FENLI YAOJI JIEMIAN XIFU TEXING

马晓敏　著

□出 版 人　吴湘华
□责任编辑　史海燕
□封面设计　李芳丽
□责任印制　唐　曦
□出版发行　中南大学出版社

　　　　　　社址：长沙市麓山南路　　　邮编：410083
　　　　　　发行科电话：0731-88876770　传真：0731-88710482
□印　　装　长沙印通印刷有限公司

□开　　本　710 mm×1000 mm 1/16　□印张 15　□字数 302 千字
□版　　次　2022 年 3 月第 1 版　□印次 2022 年 3 月第 1 次印刷
□书　　号　ISBN 978-7-5487-4712-3
□定　　价　65.00 元

前 言

    煤炭工业是关系国家经济命脉和能源安全的重要基础产业,有力支撑了新中国成立 70 多年来国民经济和社会的平稳较快发展,国家"碳达峰、碳中和"目标的提出和能源革命的持续推进使得煤炭资源的清洁高效加工利用受到越来越多的关注。煤炭洗选加工过程中的固液分离是煤炭清洁生产与利用的瓶颈环节之一,决定了选煤厂循环水质量、煤泥回收率和产品水分,影响重选、浮选等工艺环节的生产效果和整个选煤厂生产效率,对水资源和矿物资源的高效循环利用及"碳减排"具有重要意义。

    随着采煤机械化的发展和开采率的提高,原煤煤质变化更加复杂,采煤过程中的掘进矸石、顶板、底板及夹层矸石、风化氧化煤和细粒级物料增多,原生煤泥和次生煤泥量显著增加,循环水浓度高、煤泥脱水困难等问题频发,严重时导致选煤厂停产排泥,带来巨大的资源浪费、环境污染和经济损失,目前,煤泥水固液分离已经成为关系选煤生产全局的重点和难点环节。

    煤泥水固液分离主要包括凝聚/絮凝—沉降—脱水三个阶段,煤泥水的基本性质、固液分离宏观效果和影响因素等已经获得了很好的研究,而在固液分离问题的源头——界面吸附机理方面还缺乏较为系统和深入的研究工作,制约了煤泥水固液分离理论与技术的进一步发展。

    本书以无机金属离子和高分子药剂在煤泥水固液界面的吸附特性为研究对象,采用耗散石英微晶天平(QCM-D)、分子动力学模拟(MD)、传统吸附试验、现代表征测试、溶液化学等方法系统研究了药剂的界面吸附脱附行为、吸附层构型、吸附动力学过程、吸附热力学特性、水质条件对药剂吸附特性的影响、高分子药剂的架桥絮凝作用、煤的物理化学特性、纳米尺度润湿性、水在黏土矿物表面间的竞争吸附特性、黏土矿物对煤泥脱水的影响等内容。同时,本书较为系统地总结了国内外煤泥水固液分离的研究现状。书中的研究结论和方法可对煤泥水处理、矿井水处理等固液分离过程以及絮凝浮选、碳/高分子复合材料、黏土/高分子复合材料的制备等提供借鉴。

本书的研究工作获得了国家自然科学基金（51820105006、52004178、52074189）、矿物加工科学与技术国家重点实验室开放基金（BGRIMM-KJSKL-2022-10）以及山西省留学归国人员择优资助项目（20210036）的资助，在此表示感谢。此外，还要感谢董宪姝教授、刘清侠教授、陈建华教授、池汝安教授、曹亦俊教授、孙伟教授、高志勇教授、樊玉萍副教授、孙冬副教授、姚素玲副教授、陈茹霞博士、冯泽宇博士等给予的帮助，同时，本书在研究与撰写过程中参考了大量国内外学者的专著与文献，因篇幅所限未能一一列出，在此一并表示诚挚的感谢。

由于时间仓促和作者水平有限，本书作为学术探讨，难免存在错误和不严谨之处，恳请读者批评指正。

目　录

>>>

第 1 章　绪论

1.1　煤泥水固液分离意义

2021 年,《国务院政府工作报告》明确提出:扎实做好碳达峰、碳中和各项工作,推动煤炭清洁高效利用;2017 年,国家发改委、国家能源局联合印发的《能源生产和消费革命战略(2016—2030)》文件指出:煤炭是我国主体能源和重要工业原料,还将长期发挥重要作用,大力推进煤炭清洁利用,加强煤炭洗选加工,提高煤炭洗选比例;2014 年,习近平总书记主持召开中央财经领导小组会议时强调:大力推进煤炭清洁高效利用。

选煤是煤炭高效清洁利用的源头,可脱除煤中 50%~80% 的灰分、30%~40% 的全硫,显著提高煤炭质量,有效减少燃煤 SO_2、CO_2、CO、NO_2、NO 等污染物排放,大幅度降低运力浪费。目前,湿法选煤在我国选煤工业中占 98% 以上,洗选 1 t 原煤通常使用 $3~3.5$ m^3 水,煤泥水是湿法选煤厂产生的工业尾矿水,集中了原煤中难以用重选、浮选等方法回收的细粒煤、分选过程中脱除的细粒无机矿物以及选煤药剂等,是一种复杂组分悬浮体系(图 1-2 为选煤厂煤泥水实景图),生产实践中通常采用絮凝-沉降-脱水的方法对煤泥水进行固液分离,一般要求滤饼水分低于 25%,洗水浓度小于 80g/L(二级标准)。

煤泥水固液分离的源头是药剂的界面吸附,固液分离药剂与煤泥颗粒的作用决定了煤泥水固液分离的可行性和实际效果,深入了解药剂在煤泥固液界面的吸附特性及作用机理对促进煤炭行业高效清洁发展、水资源与矿物资源的循环利用及"碳减排"具有重要意义。

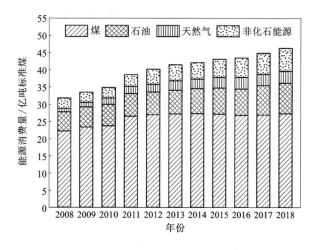

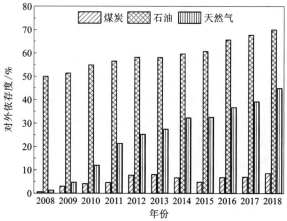

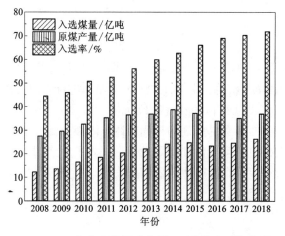

图 1-1　2008—2018 年中国能源消费量、对外依存度和原煤入选情况

图 1-2　选煤厂煤泥水实景

1.2　煤泥水的基本性质

了解煤泥水性质是实现高效固液分离的前提，尽管煤泥水是一种复杂悬浮体系，国内外文献报道表明工业煤泥水具有相似的特性(见表 1-1)：①多数选煤厂煤泥水的 pH 在 7 至 8.5 之间，呈弱碱性；②正常生产状况下，煤泥入料浓度在 20 至 70 g/L 之间，超高浓度煤泥水的药剂消耗量非常高，沉降脱水效率低，处理难度很大；③煤泥水中含有的主要离子为 Na^+ 和 K^+ (300 ~ 800 ppm [*])、Ca^{2+} (50 ~ 400 ppm)、Mg^{2+} (10 ~ 200 ppm)；④煤泥水中仍有较高比例的煤颗粒(可占 50% 以上)，煤泥灰分在 50% 至 70% 之间，其中小于 0.045 mm 的细颗粒含量可占 40% ~ 75%(此部分灰分可达 55% ~ 80%)；⑤煤泥水中最常见矿物为石英、高岭石、蒙脱石、伊利石等，化学成分普遍排序由大到小为：SiO_2，Al_2O_3，C，Fe_2O_3，CaO，MgO 等。

煤泥水中，煤、石英、高岭石几乎无永久负电荷，颗粒电性受水溶液 pH 影响较大，而蒙脱石和伊利石由于晶格取代，带有大量的永久负电荷，颗粒电性受水

------

[*]　1 ppm = 10^{-6}。

溶液 pH 的影响相对较小，Crawford 等认为煤在水中带负电是由于煤表面官能团的解离，比如—COOH 解离成—COO⁻和 H⁺，煤泥水中颗粒成分的复杂性使得其电位变化规律较为复杂，与原煤差距较大，通常中性条件下煤的电位为 $-30 \sim -20$ mV，电位随着 pH 降低而升高，等电点在 2 至 3 之间，等电点随颗粒灰分的降低而提高；Sabah 等研究表明煤泥颗粒的整体电位随着 pH 降低呈波浪形变化，一直为负值，且只有 0.045 mm 以上颗粒与原煤较为接近，0.045 mm 以下颗粒的电位与原煤相差较远，表明 0.045 mm 以下颗粒以矿物质为主；弱碱性环境下煤泥水中颗粒均呈现高负电性($\xi = -25 \sim -50$ mV)，黏土含量越高，煤泥水颗粒整体电负性越强。

胶体指粒度小于 100 nm 颗粒形成的分散性体系，而黏土颗粒由于其高负电性，在水中吸附有大量的配衡阳离子，形成较厚的双电层，分散性强，使得 2 μm 左右的黏土颗粒仍表现出强烈的胶体特性。总体而言，煤泥水中颗粒粒度小，自发沉降困难，矿物成分复杂，认识药剂在煤泥固液界面的作用有助于高效固液分离药剂的筛选和开发。

表 1-1 国内外选煤厂煤泥水特性统计

样品来源	pH	浓度/(g·L⁻¹)	电位/mV	灰分/%	主要矿物	主要离子	小于0.045 mm w/%	文献
河南某选煤厂	—	—	—	37.9	伊利石、高岭石、石英、蒙脱石、绿泥石、方解石等	—	52.30	林喆、杨超等
安徽淮南矿区某动力煤选煤厂	8.6	26	—	49.6	石英、高岭石、蒙脱石、绿泥石、方解石等	—	90.09	陈军、闵凡飞等
河北省邯郸市马头选煤厂	—	—	—	51.6		—	75.71	王卫东、李昭等
神东某选煤厂	6.8	35.7	-25.5	74.6	—	K⁺、Na⁺、Ca²⁺、Mg²⁺、Cl⁻、NO₃⁻、SO₄²⁻等	39.5	肖宁伟、张明青等

续表1-1

样品来源	pH	浓度/(g·L^{-1})	电位/mV	灰分/%	主要矿物	主要离子	小于0.045 mm w/%	文献
临涣选煤厂	—	—	—	—	伊利石、高岭石、石英、蒙脱石、绿泥石、方解石等	K$^+$、Na$^+$、Ca^{2+}、Mg^{2+}、Cl$^-$、NO$_3^-$、SO$_4^{2-}$等	—	张志军、刘炯天等
潘一选煤厂	—	—	—	42.9	—	—	75.9	王少会和徐初阳
黑龙江某选煤厂	—	—	—	—	蒙脱石、高岭石、伊利石、伊蒙混层等	—	95	刘亚星、吕一波等
内蒙古上湾选煤厂	7.1	13.4	—	31.3	石英、高岭土等	Cl$^-$、SO$_4^{2-}$、Na$^+$	65	陶亚东、朱子祺等
土耳其某选煤厂	8.3	58	−29.2	69.7	高岭石、伊利石、石英、白云母、蒙脱石等	Ca^{2+}、Mg^{2+}	85.1	E Sabah、I Cengiz 等
澳大利亚某选煤厂	—	—	−23.1	57.6	高岭石、伊利石、石英、白云母、蒙脱石等	Na$^+$、Mg^{2+}、Ca^{2+}、Cl$^-$、SO$_4^{2-}$等	75.2	Philip Ofori、Anh V Nguyen 等
土耳其某选煤厂	7.9	73	—	56.0	石英、方解石、绿泥石、斜长石、贝得石等	—	73.9	Ciftci H、Isık S 等
印度某选煤厂	7.5	—	−28.8	64.0	石英、高岭石、伊利石、蒙脱石、白云石等	—	36.5	Puja Hansdah、Shravan Kumar 等

1.3　煤泥水固液分离方法

在处理方法方面,当前常见的煤泥水固液分离方法可以总结为:直接絮凝和凝聚-絮凝两种方式。直接絮凝为使用单独的阴离子或阳离子高分子药剂即可获得满足工业生产需求的处理效果,煤泥水/油砂水处理中广泛使用阴离子聚合物,水产养殖废水和造纸业废水处理中主要使用阳离子聚合物。凝聚-絮凝方法为金属无机盐和非离子或阴离子高分子药剂联合使用的方法,在高灰细泥煤泥水、陶瓷工业、颜料加工厂、咖啡制造、屠宰厂等废水处理中较为常见,凝聚-絮凝方法通过添加无机盐降低颗粒间斥力,使颗粒容易形成小絮团,絮团的结构按絮凝阶段分为以下类型:①零阶絮凝:颗粒吸附到一起,组成基本絮团,这类絮团密实程度相对较高;②一阶絮凝:基本絮团在运动过程中靠近,连接到一起,形成大絮团,大絮团密实程度变低;③二阶絮团:一阶絮团进一步结合到一起,形成更大絮团,絮团密实程度再降低;④依次类推,形成($n+1$)阶絮凝体,在单独无机盐作用下,絮团粒度有限,再加入高分子药剂可以进一步使小絮团迅速生长为大絮团。

工业煤泥水固液分离过程中,高分子药剂的直接絮凝方法和无机盐药剂-高分子絮凝相结合的凝聚-絮凝方法均有使用,前者优点是单独使用高分子药剂即可获得较佳的处理效果,流程简单、成本较低,缺点是对水质有一定要求,往往除浊效率不如凝聚-絮凝方法,运行较长时间后容易造成细泥积聚,导致生产恶性循环甚至压耙的问题,后者的优点是适用范围广,沉降速度快,除浊效果好,缺点是流程相对复杂,成本较高,在实际煤泥水固液分离中,可以根据具体情况在两种方法中选择。

1.4　煤泥水药剂发展历程

煤泥水固液分离的发展历程与药剂的发展息息相关,1980 年,Lely 发现莱茵河入海口处汇入海洋的泥沙比在河里沉降效果好,并进一步研究指出二价 Mg^{2+} 和 Ca^{2+} 离子比一价 Na^+ 和 K^+ 离子对泥沙的絮凝能力强,此后,学者们陆续对无机盐作用下泥沙的絮凝效果进行了初步探索,到 20 世纪 20 年代,Comber 发现钙盐对泥沙的絮凝效果较佳,而对黏土的絮凝效果很差,当泥沙含有少量黏土时,黏土对泥沙颗粒的包覆会使得钙离子对该体系絮凝效果变差,Comber 将黏土的水分散体系定义为乳胶,以区别泥沙的悬浮体系,这个时期属于煤泥水固液分离发展的初期阶段，有少量专利显示，此时选煤厂浓缩池中煤泥水的处理多采用石灰、烧碱、镁盐、铝盐等进行处理，但此类方法成本较高，且效果难以满足生产需求。

30 年代初，Henry 发明了用碱处理淀粉和石灰配合处理煤泥水的方法，大大提高了在比利时选煤厂煤泥水的絮凝和澄清效果，该方法很快从比利时进入英国和其他国家，学者将其称为 Henry 处理法，并认为这是煤泥水固液分离的第一个重要贡献，煤泥水固液分离进入第二个发展阶段，此后，学者们对金属氧化物、氢氧化物、淀粉及其他天然有机高分子药剂的作用效果进行了一系列研究，比如：Needham 研究发现氢氧化钙、硫酸铝、氧化钙能降低煤泥浓缩池溢流中的固体浓度，Samuel 研究了金属氧化物、氢氧化物、氯化物对煤泥水澄清的效果，发现这些物质均可提高煤泥水的澄清度；Gardner 和 Bay 研究不同淀粉、蛋白、纤维、木屑及小麦秸秆对煤泥水沉降的作用，发现这些物质均具有一定程度的絮凝作用；Henry 处理法及其衍生方法相比初期石灰、烧碱等方法大大提高了煤泥水的沉降效果，但仍具有成本高、工艺复杂的问题。

1950 年前后，人工合成有机高分子聚丙烯酰胺开始出现，同一时期聚丙烯酰胺的各类衍生物也相继被合成，煤泥水固液分离进入第三个发展阶段，聚丙烯酰胺主要的衍生物有：氢氧化钠水解反应制备的阴离子聚丙烯酰胺（阴离子为—COO^-），甲醛和亚硫氢钠磺甲基化作用制备的阴离子聚丙烯酰胺（阴离子为—$CH_2SO_3^-$），碱和次卤酸盐霍夫曼降解反应制备的阳离子聚丙烯酰胺，甲醛和胺曼奇尼反应制备的阳离子聚丙烯酰胺（阳离子—NH_4^+），后来利用丙烯酰胺和丙烯酰胺乙基三甲基氯化铵共聚法合成的阳离子聚丙烯酰胺[阳离子为季铵盐类—$N(CH_3)_3^+$]，以及淀粉和各类聚丙烯酰胺枝接的复合高分子药剂等，20 世纪 60—70 年代，商业聚丙烯酰胺类高分子药剂：Superfloc 系列（美国氰胺公司 American Cyanamid Company）和 Magnafloc 系列（瑞士 Ciba Specialty Chemicals Corporation，2008 年并入德国 BASF 公司）开始应用于各类水处理行业，包括选煤厂中的煤泥水固液分离。研究表明人工合成的高分子聚丙烯酰胺类药剂对煤泥水的处理效果要好于传统的石灰，金属盐、淀粉类天然药剂和其他人工合成高分子药剂，既可用作沉降絮凝剂，也可用作脱水助滤剂，且成本较低，Michaels 的研究表明阴离子聚丙烯酰胺对煤泥水的絮凝效果要强于非离子聚丙烯酰胺；Osborne 的研究结果表明聚丙烯酰胺对煤泥水的处理效果强于聚丙烯酸钠和多聚糖，且成本低；Burr 的研究结果表明淀粉枝接类聚丙烯酰胺聚合物的作用效果弱于商业阴离子聚丙烯酰胺。

70 年代阶段，我国选煤厂开始使用人工合成高分子聚丙烯酰胺提高煤泥水的沉降和脱水效果，比如，许占贤对比了不同药剂对煤泥水的絮凝效果，发现效果由好到坏为：聚丙烯酰胺，面粉副产品，工业淀粉，羧甲基纤维素，石灰、苛性钠、硫酸铁、氯化铝；付勇等人调查了全国二十多家选煤厂浓缩池或沉淀塔聚丙烯酰胺的使用情况，发现阴离子聚丙烯酰胺使用最多，当煤泥水中含有较多氯化钙和盐类时，使用聚丙烯酰胺的效果更佳。

从 90 年代至今，由于阴离子类型聚丙烯酰胺絮凝效果好，性价比高的特点，其仍为世界多数国家选煤厂煤泥水固液分离的主要药剂，近些年整体围绕煤泥水的研究工作可以总结为三部分内容：一是以聚丙烯酰胺及其衍生物为基础的煤泥水沉降影响因素和最佳药剂制度探索，目前研究的影响煤泥水固液分离的影响因素主要有药剂类型/药剂量，煤泥水浓度、pH、温度、黏度/流变性、离子，颗粒粒度、电位、煤泥水的氧化程度、泥化程度、黏土含量/类型，剪切强度，絮团强度，超声电化学条件等；二是药剂-煤泥颗粒及颗粒-颗粒间作用机理研究；三是新药剂合成制备。本书主要围绕第二部分内容进行探讨。

1.5　无机盐药剂的应用研究现状

无机盐药剂通常由金属阳离子和非金属阴离子组成，包括氯化物（$CaCl_2$、$MgCl_2$、$ZnCl_2$、KCl、$NaCl$、$FeCl_3$、$AlCl_3$ 等），硫酸盐［$CaSO_4$、$MgSO_4$、K_2SO_4、Na_2SO_4、$Fe_2(SO_4)_3$、$Al_2(SO_4)_3$、$KAl(SO_4)_2$、$FeSO_4$ 等］，氢氧化物［$Al(OH)_3$、$Fe(OH)_3$、$Ca(OH)_2$ 等］以及聚合氯化铝（$[Al_2(OH)_nCl_{6-n}]_m$），聚合物氯化铁（$[Fe_2(OH)_nCl_{6-n}]_m$），碳酸镁（$MgCO_3$），铝酸钠（$NaAlO_2$），生石灰等。通常认为无机盐药剂主要通过金属阳离子压缩双电层促使颗粒脱稳，发生团聚，从而提高固液分离效果，对于含有三价 Fe^{3+} 或 Al^{3+} 的无机盐，网捕作用也较为关键，即 Fe^{3+} 或 Al^{3+} 发生水解生成沉淀物，这些沉淀物在自身沉降过程中，能集卷、网捕水中的微细颗粒，从而使颗粒聚集，对于无机盐聚合物，比如聚合氯化铝、聚合氯化铁、聚合氯化铝铁等，其作用机理更加复杂，还包括吸附架桥等作用。

1.5.1　无机盐药剂的作用机理

无机盐在煤泥水固液分离中的应用和作用机理解释多围绕 DLVO 理论进行，DLVO 理论（Derjaguin and Landau，Verwey and Overbeek）定量解释了液体中颗粒的凝聚和分散现象，认为液体中胶体颗粒的稳定性由范德华力和静双电层力的总和控制。范德华力由色散、取向力和诱导力三种长程作用力组成，与三种力的加和成正比，与距离的六次方成反比，由于色散力作用于所有的分子或原子，对范德华力的贡献最大，将描述微观分子或原子间的作用的范德华力用于宏观颗粒时，必须考虑颗粒形状和材料属性，目前，使用 Derjaguin 近似进行积分仍然是较好的处理方法，式（1-1）和式（1-2）分别为球形颗粒间和球形颗粒-平面间范德华力计算公式：

球形颗粒与球形颗粒间范德华力计算公式：

$$F=-\frac{A_{\mathrm{H}}}{6D^2}\frac{R_1R_2}{R_1+R_2} \tag{1-1}$$

球形颗粒与平面间范德华力计算公式：

$$F=-\frac{A_{\mathrm{H}}R}{6D^2} \tag{1-2}$$

式(1-1)和式(1-2)中 A_{H} 是 Hamaker 常数(J)，D 为距离(m)，R 为半径(m)。

颗粒间的范德华力作用由包含了颗粒材料物理化学信息的 Hamaker 常数和颗粒间的距离决定，在真空或空气中，Hamaker 常数始终为正值，固体颗粒间的范德华力始终表现为吸引力，在液体中，同种材料颗粒间的范德华力仍为吸引力，但不同材料颗粒间的范德华力作用可以表现为吸引力，也可以表现为排斥力。

水有很高的介电常数，水环境中，固体表面容易通过溶解或吸附方式带电，带电表面会吸附相反电性的配衡离子组成双电层，当两个带电表面互相靠近时，其双电层会重叠和挤压，产生双电层斥力。低盐度下，双电层松散，斥力较强，使颗粒保持分散，随着盐度升高，双电层被压缩，斥力被逐渐屏蔽，在某个特定盐度下，范德华吸引力克服双电层斥力，颗粒会发生凝聚。通常情况下，静双电层力是通过泊松-玻尔兹曼连续静电理论计算的，根据两种边界条件假设，两个无限平面间的双电层力的计算方式如下：

恒定表面电荷情况：

$$U_{\mathrm{edl}}^{\sigma-\sigma}=\frac{1}{2\varepsilon\varepsilon_0\kappa}\{(\sigma_{\mathrm{a}}^2+\sigma_{\mathrm{b}}^2)[\coth(\kappa D)-1]+2\sigma_{\mathrm{a}}\sigma_{\mathrm{b}}\mathrm{cosech}(\kappa D)-1\} \tag{1-3}$$

恒定表面电势情况：

$$U_{\mathrm{edl}}^{\psi-\psi}=\frac{\varepsilon\varepsilon_0\kappa}{2}\{(\psi_{\mathrm{a}}^2+\sigma_{\mathrm{b}}^2)[1-\coth(\kappa D)]+2\psi_{\mathrm{a}}\psi_{\mathrm{b}}\mathrm{cosech}(\kappa D)-1\} \tag{1-4}$$

式(1-3)和式(1-4)中 σ_{a} 和 σ_{b} 分别是两表面的表面电荷密度(C/m²)，ψ_{a} 和 ψ_{b} 分别是两表面的 Stern 势能(J)，ε 和 ε_0 分别为介质的相对介电常数和真空介电常数[C²/(N·m²)]，κ^{-1} 为衰减长度(m)(也称为德拜长度)，与双电层的厚度有关。

DLVO 理论对于小于 0.2 mmol/L 的一价盐体系较为精确，随着离子价态升高，偏差增大，由于 DLVO 理论对介质进行了连续化假设，在距离接近分子级别时，这种假设会产生较大偏差。根据 DLVO 理论，高浓度无机盐环境中，大部分静双电层斥力会受到屏蔽，此时范德华吸引力会占有主要地位，颗粒发生凝聚，而实际中，吸水膨胀性黏土矿物即使在高离子浓度条件下，仍保持较好的分散性，这于 DLVO 理论不符，因此学者们提出水化作用斥力来解释这种反常现象，水化斥力通常存在于黏土、石英、氧化铝或 DNA、蛋白质等亲水体系中，是一种短程作用力(作用范围 1~3 nm)，与水化斥力相反的是疏水吸引力，试验发现疏水性较强的表面间的相互作用要高于范德华力预测的结果，说明疏水性表面间除了范德华力，还存在其他形式的吸引力，即疏水吸引力，范德华力、静电斥力和亲疏水作用力可以解释水-离子-颗粒体系的分散和凝聚，对于添加了高分子聚合物或其他有机物的体系，还需要考虑架桥作用力和空间位阻力，当高分子药剂在颗粒表面覆盖较少时，高分子链产生的架桥作用力会促使颗粒靠近，形成絮团，当聚合物在颗粒表面覆盖较多时，颗粒表面的聚合物层会相互叠加和挤压，产生空间位阻力，使颗粒不易互相靠近。引入水化斥力，疏水作用力，架桥作用力或空间位阻力后，传统 DLVO 理论可以扩展为 EDLVO 理论，较多研究结果表明 DLVO 或 EDLVO 可以合理解释煤泥水中颗粒的分散与凝聚现象。

1.5.2　无机盐药剂的应用研究进展

无机盐在煤泥水固液分离中具有重要作用，众多学者对其作用效果进行了研究，并结合 DLVO 理论对作用机理进行了解释。冯莉等对全国近百家选煤厂进行了水质普查，发现煤泥水固液分离的难易程度与水质硬度密度相关，选煤厂的循环水水质相差悬殊，总离子含量从 500 mg/L 变化到 3400 mg/L，总硬度从 2 德国度变化至 100 德国度，总离子含量高、硬度大的选煤厂无须加任何药剂都可实现循环水的澄清，总离子含量低、硬度小(低于 10 德国度)的选煤厂煤泥水则是"闻名的"难处理煤泥水；刘杰等研究了聚合氯化铝凝聚剂对煤泥水电位和脱水效果的影响，发现煤泥颗粒电位随聚合氯化铝用量的增加而降低，最终为正值，在药剂量约为 6.2 kg/t 时，电位为零，此时滤饼结构松散，孔隙大且多，过滤速度最快；张敏等研究了天然凝聚剂-石膏对煤泥水的澄清作用，发现煤泥水的电导率和硬度随石膏用量的增加而增加，同时沉降速度和上清液透光率增加，说明石膏可以促进煤泥水澄清；王海番试验了多种无机盐包括 $NaCl$、$Fe(NO_3)_3$、$MnSO_4$、NH_4Cl、$ZnCl_2$、$CaCl_2$、CaO、$MgCl_2$、聚合氯化铝(PAC)等对煤泥水的澄清效果，发现 Fe^{3+}、Mn^{2+}、Mg^{2+}、Ca^{2+}、Zn^{2+}、PAC、甚至 NH_4Cl 都能降低煤泥颗粒电位，提高煤泥水沉降速度，降低上清液浊度；冯泽宇等系统地研究了不同价态无机盐对煤泥颗粒凝聚过程的影响，发现随着 $FeCl_3$ 和 $AlCl_3$ 用量的增加，煤泥颗粒电位由负变正，最高电位为+20 mV 以上，在煤泥颗粒电位接近零点时，沉降速度最高，澄清效果最佳，过多药剂会使得凝聚效果降低，$FeCl_3$ 的综合凝聚效果要明显优于 $AlCl_3$；二价无机盐 $CaCl_2$ 和 $MgCl_2$ 用量的增加会使煤泥颗粒电位降低，电位接近零点，但不能变正，药剂量达到 3.2 mmol/L 后，随着药剂量的增加，煤泥水澄清效果不再变化；一价无机盐 $NaCl$ 和 KCl 用量的增加会使煤泥颗粒电位降低，电位降到-5 mV 左右不再降低，高价无机盐获得的澄清效果好，药剂量少，但整体而言，与高分子药剂的作用相比，无机盐作用下，煤泥水澄清速率低，效果较差；王辉锋的研究工作发现 K^+ 离子能够很好地抑制蒙脱石的膨胀水化，对高岭石的影响则较小，Ca^{2+}、Na^+、NH_4^+ 等无机盐溶液也能起到一定作用，但不如 K^+ 溶液效果明显，即无机盐离子可以改变膨胀性黏土矿物的结构从而影响其分散粒度及沉降脱水效果；刘令云的研究工作表明煤泥水中 K^+ 和 Na^+ 离子主要通过压缩溶液中颗粒表面双电层降低颗粒表面电位，Mg^{2+}、Ca^{2+} 离子则是通过压缩双电层和在颗粒表面产生特性吸附的方法来降低颗粒表面电位，其中 Mg^{2+} 可以实现颗粒表面电荷符号反转，Al 类无机盐化合物则同时通过 $Al(OH)_3$ 沉淀物覆盖到黏土矿物颗粒表面，提升黏土类矿物颗粒等电点，使等电点值接近煤泥水 pH 来降低颗粒表面 Zeta 电位，减小颗粒间的静电斥力，实现颗粒间的絮团沉降；毕梅芳的研究表明在极软水质条件下，细小颗粒较难发生凝聚，导致浓缩池溢流浓度高，煤泥水水质越软，颗粒表面 Zeta 电位越高，达到一定絮凝效果需要的药剂量越高，Ca^{2+} 和 Mg^{2+} 的加入可以降低 Zeta 电位，有利于煤泥颗粒凝聚，大大改变絮凝效果，且加入的离子价态越高，电位降低越明显，絮凝效果越好；彭陈亮研究了无机盐对蒙脱石粒度和水化度的影响，结果表明蒙脱石会在 10 h 后达到老化平衡，无机盐浓度或价态越高，老化后蒙脱石颗粒的粒度越大，底部沉积的蒙脱石颗粒有可能会比顶部悬浮的颗粒小，无机盐阳离子价态越高，蒙脱石水化度越小，对于 NaCl 和 $CaCl_2$，随着浓度增大，水化程度先增大后减小；董宪姝等考察了电化学作用下，不同无机盐对煤泥水沉降的影响，结果表明电化学条件下，$MgCl_2$ 作用优于 NaCl 和 $AlCl_3$，电位分析表明以 NaCl 为无机盐处理的煤泥颗粒 Zeta 电位绝对值升高；杜佳等研究了水质硬度对煤泥水中伊利石颗粒分散絮凝行为的影响，发现随着水质硬度增加，伊利石颗粒电位降低，进而颗粒间静电作用和能垒降低，当硬度大于 80 mg/L 时，能垒变负，颗粒处于易凝聚状态，澄清试验结果表明，伊利石悬浮液的澄清度随着硬度增加而增加，由分散向凝聚转变的临界硬度值为 40 mg/L；张明青等利用 DLVO 理论计算了不同硬度下，煤和高岭石颗粒间的相互作用，结果表明在 1 mmol/L 的水质硬度下，煤颗粒之间、煤与高岭石颗粒之间存在较大的能垒，高岭石颗粒间作用势能恒为正值，因此，颗粒均处于分散状态，在硬度 10 mmol/L 的水质条件下，煤颗粒之间、煤与高岭石颗粒之间总作用势能恒为负值，颗粒易于凝聚，而高岭石颗粒间总作用势能仍为正值，处于分散状态，综合而言，随着水质硬度的提高，煤颗粒间最优先发生凝聚，其次为煤与高岭石颗粒间，高岭石颗粒之间很难发生凝聚；张志军等人提出了矿物颗粒实现自发凝聚的最低水质硬度这一临界硬度的概念，并建立了基于 DLVO 理论的临界硬度的数学模型，结果表明临界硬度与无机盐离子价态的二次方成反比，与颗粒表面电位的四次方成正比，与 Hamaker 常数的二次方成反比，以 $CaSO_4$ 无机盐为例，pH =6.5 条件下计算得到同类矿物平板颗粒凝聚的临界硬度值分别为：高岭石 0.30

mmol/L、蒙脱石 0.34 mmol/L、伊利石 0.44 mmol/L、石英 28.55 mmol/L；Lin 等人利用 EDLVO 利用计算了 Ca^{2+} 浓度对煤-伊利石体系中颗粒相互作用的影响，结果表明 Ca^{2+} 浓度的增加可降低颗粒间静电斥力，在颗粒间距离大于 2 nm 时，静电作用起主导作用，进一步计算结果表明疏水作用力也起着非常重要的作用，在颗粒距离较小时，疏水作用力甚至强于 DLVO 中的范德华力和静电作用力；Xing 等的研究表明在 Ca^{2+} 离子浓度低于 5 mmol/L 时，高岭石和煤颗粒间不会发生异向絮凝，Ca^{2+} 浓度为 5~8 mmol/L 时，高岭石可以黏附到煤颗粒表面；贺斌、董宪姝等和郭凌香等采用 EDLVO 理论计算了煤颗粒间的相互作用，结果表明 EDLVO 理论可以较好地解释煤颗粒间的凝聚与分散行为；Long 等人利用 AFM 研究了伊利石颗粒间的相互作用，发现在 1 mmol/L 浓度 Ca^{2+} 条件下，颗粒间静电斥力减小，在不存在 Ca^{2+} 条件下，颗粒间黏附力为 0，在 1 mmol/L 浓度的 Ca^{2+} 条件下，颗粒间黏附力为 1.5 mN/m，Ca^{2+} 可在负电的伊利石颗粒间形成架桥作用，使颗粒连接到一起，因此 Ca^{2+} 作用下，颗粒黏附力增加，静电斥力降低，使得伊利石颗粒更加容易凝聚。Gui 等人利用 AFM 研究了煤和高岭石间的相互作用，试验结果表明在自然条件下，高岭石颗粒间始终为斥力，Ca^{2+} 的加入可以降低煤颗粒间、高岭石颗粒间的静电斥力，使颗粒易于凝聚。Liu 等人使用 AFM 研究了沥青表面的相互作用，发现随着 pH 的降低，KCl 或 $CaCl_2$ 含量的升高，沥青表面间的长程斥力减弱，黏附力增强，更容易聚集，在距离小于 18 nm（尤其是 4~6 nm）时，DLVO 预测的结果与 AFM 测得的结果产生了较大偏差，考虑到沥青表面的疏水性，使用引入疏水吸引力的 EDLVO 理论预测后的结果与 AFM 测试的结果吻合较好。

综上所述，无机盐主要通过其金属阳离子压缩颗粒双电层，降低颗粒间静电斥力，消除颗粒间能垒使颗粒达到凝聚，但单独无机盐作用下，颗粒凝聚速度慢，形成的絮团小，沉降速度低，难以满足工业煤泥水固液分离需求，尤其是在细粒黏土矿物较多的情况下，近些年，将逐渐成熟的耗散石英微晶天平（QCM-D）或原子力显微镜（AFM）等方法与 DLVO 理论结合起来去研究颗粒间的相互作用成为新的发展趋势，可以更加可靠和深入地解释煤泥水的凝聚机理。

1.6 高分子药剂的应用研究现状

高分子药剂通常指相对分子质量高达几千到几百万的化合物，是许多相对分子质量不同的同系物的混合物，因此高分子化合物的相对分子质量是平均相对分子量，高分子化合物是由千百个原子以共价键相互连接而成的，虽然它们的相对分子质量很大，但都是以简单的结构单元和重复的方式连接的。高分子药剂包括天然高分子物质（比如淀粉及其衍生物、维生素及其衍生物、腐殖酸钠、微生物絮凝剂等)和人工合成高分子(聚丙烯酰胺及其衍生物、聚氧化乙烯、聚乙烯醇、聚丙烯酸钠、聚苯乙烯磺酸钠、聚合氯化铝、聚硅酸铝铁等)。

1.6.1　高分子药剂的作用机理

无机盐单独作用下产生的絮团生长速率和絮团粒度难以满足生产需求,因此需要加入高分子药剂(絮凝剂)在短时间内得到更大的絮团,DLVO 理论可以合理解释凝聚机理,但高分子药剂与此有一些差别,其作用机理在煤泥水固液分离领域具有更加重要的意义,目前关于高分子药剂的作用机理主要解释为:①聚丙烯酰胺通过酰胺官能团($-CONH_2$)的强氢键作用与煤、石英、黏土等颗粒表面作用,传统观点多认为酰胺官能团与颗粒表面的羟基进行作用,但聚丙烯酰胺应用的广泛性及在石墨等物质上的非氢键吸附行为表明酰胺官能团具有更广的作用范围;②阳离子聚丙烯酰胺通过阳离子官能团与负电性颗粒的电性中和作用进行吸附;③阴离子聚丙烯酰胺的阴离子官能团($-COO^-$)与二价以上金属阳离子具有较强的耦合作用,通过金属阳离子的架桥作用与负电性颗粒进行吸附,当无机盐与阴离子聚丙烯酰胺联合作用时,无机盐起到的作用不仅是压缩双电层,降低颗粒间斥力,更重要的是为阴离子聚丙烯酰胺的吸附提供了桥梁;④高分子药剂的作用,无论是氢键作用、电性中和还是阳离子桥接,作用强度均较高,再加上高分子链自身的架桥作用,形成的絮团在粒度和强度上均远高于无机盐单独作用下形成的絮团。

1.6.2　高分子药剂的应用研究进展

众多学者对不同高分子药剂对煤泥水的作用效果、影响因素,最佳条件等进行了试验研究,并对机理进行了解释。闵凡飞等研究了明矾、无机氯化铁、氯化钙、明矾 4 种无机盐和聚丙烯酰胺絮凝剂复配作用下煤泥水的絮凝沉降效果,结果表明石膏(用量 400 g/m³)与分子质量为 1000 万的聚丙烯酰胺(用量 5.6 g/m³)配合使用,煤泥水的沉降速度可达 108.0 cm/min,上清液透光率为 90.6%,沉降效果明显;罗慧采用光引发聚合技术合成了阳离子型聚丙烯酰胺(CPAM),采用碱水解法制备了阴离子聚丙烯酰胺(APAM),研究了不同类型聚丙烯酰胺对煤泥水的絮凝沉降效果,结果表明不同絮凝剂的处理效果由高到低排序为:CPAM,APAM,PAM,对于 CPAM,在离子度为 5% 时,絮凝效果最好,随着其药剂量的增加,煤泥水澄清度先增加,后降低,在药剂量为 2~4 g/m³ 时,澄清效果最好;赵兵兵研究了不同黏度的两性聚丙烯酰胺对煤泥水的絮凝效果,发现在两性聚丙烯酰胺特性黏数为 530 mL/g、煤泥水浓度为 50 g/L 时絮凝效果最佳,最佳药剂用量为 12 g/m³,进一步与工业常用的阴离子聚丙烯酰胺的效果进行了对比,发现两性聚丙烯酰胺作用下的煤泥水澄清度优于阴离子聚丙烯酰胺作用下的,但阴离子聚丙烯酰胺作用下的煤泥水沉降速度优于两性聚丙烯酰胺，说明两性聚丙烯酰胺更加有利于高灰细泥的聚沉；聂容春等的试验发现，对灰分低、粒度大的原生煤泥，阴离子型聚丙烯酰胺絮凝效果较好，其次为阳离子型聚丙烯酰胺，二者均可以满足煤泥水固液分离的要求，而对于灰分高、粒度细的浮选尾煤而言，阳离子型聚丙烯酰胺的絮凝效果要优于阴离子型聚丙烯酰胺，非离子型聚丙烯酰胺对上述两种煤泥的絮凝效果都比较差。马正先等研究了不同絮凝剂作用下，pH 对煤泥水絮凝沉降的影响，结果表明，在酸性条件下，聚丙烯酰胺絮凝剂单独使用就可获得较好的效果；在中性至碱性条件下，聚丙烯酰胺与无机盐联合使用方可获得较好的效果，因此，在实际生产中，可根据 pH 匹配更加合适的药剂制度。李西明对选煤厂使用的聚丙烯酰胺和阴离子聚丙烯酰胺的效果进行了对比，发现使用阴离子聚丙烯酰胺可在较低药剂量下获得更快的沉降速度和更清澈的循环水，且每年可比使用聚丙烯酰胺节省药剂费用 10 万元，因此，使用阴离子聚丙烯酰胺可产生更加显著的生产、环境和经济效益。郑继洪等人研究了不同黏度的阳离子聚丙烯酰胺对煤泥水的絮凝沉降效果，结果表明，不同特性黏数的 CPAM 絮凝效果不同，通常特性黏数越大其絮凝沉降效果越好，因而提倡采用高分子量的 CPAM，随着 CPAM 用量增加，絮凝效果增加，最佳药剂添加量为 10 g/m^3，药剂添加量超过最佳用量，絮凝效果降低，CPAM 对不同性质的煤泥水絮凝效果不同，处理高灰细泥含量多的煤泥水效果更为显著，并且优于工业阴离子聚丙烯酰胺，pH 对 CPAM 的絮凝效果也有影响，CPAM 对酸性煤泥水的处理效果优于碱性和中性煤泥水。徐初阳等研究了不同类型聚丙烯酰胺对煤泥水的絮凝沉降效果，结果表明聚丙烯酰胺的分子量越大，澄清效果越好，因而提倡采用高分子量的聚丙烯酰胺，特性黏数为 1000 mg/L 左右即比较合适，对于阴离子聚丙烯酰胺，在其水解度为 30% 时，作用效果最好，对于阳离子聚丙烯酰胺，其阳离子度为 15% 时，作用效果最好。林喆等研究了聚丙烯酰胺与淀粉改性聚丙烯酰胺对煤泥水的絮凝沉降效果，结果表明聚丙烯酰胺可使煤和黏土矿物同时沉降，但压实层厚、密度小，淀粉改性的聚丙烯酰胺只对煤颗粒发生作用，压实层薄、密度大，黏土矿物停留于上清液中较难沉降。徐初阳等研究了阴离子聚丙烯酰胺和硫酸铝钾复配对煤泥水的絮凝沉降效果，发现单独使用硫酸铝钾或阴离子聚丙烯酰胺，澄清效果均不理想，而选择用量 100 mg/L 的硫酸铝钾和 15 mg/L 的阴离子聚丙烯酰胺共同作用时，透光率可达 91%，絮凝沉降效果较佳，在加药顺序方面，先加阴离子聚丙烯酰胺，再加硫酸铝钾的效果更好。苏丁等的研究工作同样表明凝聚剂（硫酸铝等）和絮凝剂（阴离子聚丙烯酰胺）共同作用时，对煤泥水的处理效果更佳，均比各药剂单独作用下的效果好。陈忠杰等采用单因素优化试验法对煤泥水进行了絮凝沉降性能研究，结果表明相对分子量为 1200 万的 PAM 和无机盐配合使用处理煤泥水可以取得比相对分子量为 800 万的 PAM 与无机盐配合混凝更快的沉降速度和更高的上清液透光率，且相对分子质量为 1200 万的 PAM($6.8\ \text{g/m}^3$)和 CaCl$_2$($350\ \text{g/m}^3$)配合使用时，煤泥水沉降效果最好，沉降速度可达 22.32 cm/min，上清液透光率为 97.70%，综合极差分析的结果表明，对于沉降速度，凝聚剂是主要因素；对于透光率，絮凝剂是主要因素。匡亚莉等对煤泥水进行了絮凝沉降试验研究，结果表明决定高浓度煤泥水沉降速度的主要因素是煤泥水的浓度，其次是絮凝剂(聚丙烯酰胺)用量，无机盐(聚合氯化铝)用量对沉降影响较小，但在低浓度煤泥水中决定沉降速度的主要因素是絮凝剂用量，其次是煤泥水浓度，而凝聚剂用量对沉降影响不显著，因此，煤泥水浓度和絮凝剂用量是影响沉降速度的主要因素，无机盐用量对沉降效果影响较小。降林华等合成了淀粉-阳离子聚丙烯酰胺枝接聚合物用于煤泥水的处理，结果表明此聚合物 $5\sim15\ \text{g/m}^3$ 和凝聚剂明矾 $30\sim50\ \text{g/m}^3$ 进行煤泥水絮凝试验，澄清效果和压滤效果最佳，均强于各药剂单独使用下的效果，处理能力达 $300\sim350\ \text{t/h}$，滤饼水分可控制在 26%，滤液浓度低于 65 g/L，压滤时间缩短 2/3。李瑞琴研究了不同凝聚剂和絮凝剂作用下的煤泥水絮凝沉降效果，结果表明聚合氯化铝铁和阴离子聚丙烯酰胺联合作用的效果要优于聚合氯化铝或石灰与阴离子聚丙烯酰胺联合作用的效果，且阴离子聚丙烯酰胺的分子量越大，作用效果越佳，在加药顺序方面，先加凝聚剂，后加絮凝剂的效果更好。廖寅飞等人研究了凝聚剂和絮凝剂对煤泥水的絮凝沉降效果，结果表明，聚丙烯酰胺和聚合氯化铝联合使用的效果优于聚丙烯酰胺和明矾的联合使用，最佳试验条件是聚丙烯酰胺用量 6 mg/L，聚合氯化铝用量 60 mg/L，处理后上清液浓度仅为 0.03 g/L。柴晓敏研究了不同类型聚丙烯酰胺对煤泥水的处理效果，结果表明，两性聚丙烯酰胺的脱水和澄清效果优于阴离子、阳离子和非离子聚丙烯酰胺，滤饼水分降低 13% 左右，过滤速度加快 15%，滤饼的产量增加 $3\%\sim4\%$，可使循环净化效率为 90% 以上，循环水浓度仅为 1.2 g/L；贾荣仙等使用光引发聚合法合成了不同分子量的阴离子聚丙烯酰胺，发现随着阴离子聚丙烯酰胺用量的增加，上清液透光率增加，煤泥沉降速度加快，且分子量越大，对煤泥水的絮凝效果越好，合成的 800 万分子量的阴离子聚丙烯酰胺对煤泥水的絮凝效果要优于同等分子量的商业阴离子聚丙烯酰胺和聚丙烯酰胺，沉降速度高达 29.5 mmol/(L·s)，上清液透光率为 90% 以上。李丽芳等采用相关分析法研究了阴离子聚丙烯酰胺的水解度、分子量与煤泥水澄清度的关系，发现水解度、分子量均与煤泥水的澄清度呈正相关关系，阴离子聚丙烯酰胺的分子量或水解度越高，对煤泥水的澄清效果越好；李健等制备了电厂废弃物粉煤灰-聚丙烯酰胺杂化絮凝剂，发现杂化絮凝剂对煤泥水的处理效果优于聚丙烯酰胺或粉煤灰单独使用，粉煤灰和聚丙烯酰胺的最佳杂化比例为 2∶10，搅拌时间为 5 min，沉降时间为 20 min 时，对煤泥水中氧气和悬浮物的去除率分别为 60.26% 和 98.31%。夏仁专研究了不同阴离子度聚丙烯酰胺与硫酸铝共同作用下煤泥水的絮凝沉降效果，结果表明，先加硫酸铝比后加硫酸铝处理效果好，且离子度5%和10%的阴离子聚丙烯酰胺作用效果优于离子度17%和25%的阴离子聚丙烯酰胺；Ciftci 等研究了七家公司供应的阴离子高分子药剂对土耳其选煤厂煤泥水的絮凝效果，发现这些药剂均可产生较好的絮凝效果，随着pH的升高，药剂作用后的沉降速度增加，但煤泥水上清液浊度增加，温度10℃和40℃时的药剂效果均弱于25℃时的；Duzyol 等的研究工作表明，pH 约为8时，350 r/min 搅拌条件下，阴离子和非离子型聚丙烯酰胺作用后的煤泥水浊度较低。Sonmez 等研究发现碱性条件(pH=9.8)和适量钙离子浓度下，阴离子聚丙烯的作用效果达到最好。Kim 等研究了商业阴离子聚丙烯酰胺对印度选煤厂煤泥水的处理效果，发现在不添加高分子药剂和添加高分子药剂两种情况下，煤泥水的沉降速度均是在 pH=8~9 之间时达到最大，过高或过低的 pH 均不利于煤泥水沉降。Sabah 等试验了不同离子类型聚丙烯酰胺对土耳其选煤厂煤泥水的絮凝效果，发现达到最大沉降速度时，不同类型药剂的消耗量由小到大排序为：中等电荷量阴离子聚丙烯酰胺，低电荷量阴离子聚丙烯酰胺，非离子聚丙烯酰胺，阳离子聚丙烯酰胺。中等电荷量的阴离子聚丙烯酰胺在沉降速度方面拥有最高效率，但在上清液澄清度方面，中等电荷量的阴离子聚丙烯酰胺的效果弱于其余三种药剂，每种药剂作用的最佳 pH 均为8.3左右，这与煤泥水的自然 pH 接近，过高或过低的 pH 均会导致药剂作用效果降低。Sabah 等研究了不同类型聚丙烯酰胺混合使用对煤泥水的絮凝效果，发现50%阴离子+50%非离子，50%阳离子+50%非离子或50%阴离子+50%阳离子作用后的煤泥水浊度均低于单独使用阴离子聚丙烯的情况，但单独使用阴离子下的沉降速度却远高于混合药剂下的。Alam 等人研究了阴离子聚丙烯酰胺和阳离子聚丙烯酰胺对澳大利亚选煤厂煤泥水的作用效果，结果表明阴离子聚丙烯酰胺产生的絮团粒度大，有利于提高滤饼的渗透性，脱水效果好，阳离子聚丙烯酰胺产生的絮团小，容易破裂，需要高药剂量才能达到较佳的脱水效果。Ofori 等使用原子力显微镜定性分析了四种商业阴离子聚丙烯酰胺作用下煤泥颗粒间的相互作用，发现统计得到的最大黏附力下的药剂浓度与试验最佳絮凝效果的药剂浓度基本吻合，在最佳药剂浓度下，颗粒间的黏附力能抵抗水力环境对絮团的破碎作用。

综上所述，此前对高分子药剂尤其是聚丙烯酰胺及其衍生物的应用效果和影响因素(包括 pH、分子量、电荷量、离子类型等)进行了大量的研究，得出了一些规律和结论，为高分子药剂在煤泥水中的应用效果提供了基本数据支撑，但由于煤泥水的复杂性和研究条件的不同，有部分结论尚不明确，甚至不同文献中的报道存在矛盾，同时对机理的研究也相对较少。

1.7　煤泥水药剂吸附研究方法现状

1.7.1　传统研究方法的应用进展

固液分离药剂在煤泥颗粒上的吸附与颗粒的凝聚絮凝并不完全一致，但吸附是发生凝聚/絮凝的前提，尤其是高分子药剂，其在煤泥颗粒上的吸附规律和行为对于解释其絮凝作用机理至关重要，在吸附研究方面，多通过静态吸附平衡试验，测量残留溶液中的组分间接计算吸附量，包括离子电极法、原子吸收光谱、分光光度法、荧光光谱法等，在吸附机理方面多采用红外光谱、XPS 以及分子模拟等方法进行分析。

（1）在无机金属离子吸附方面，传统方法主要有离子计、分光光度比色法、离子色谱等，比如：张明青等使用静态试验和离子计（离子电极法）测定了钙离子在高岭石和蒙脱石表面的吸附规律，结果表明钙离子在高岭石表面的吸附平衡时间小于蒙脱石，钙离子在蒙脱石表面的吸附量随着 pH 的增加而增加，钙离子在高岭石表面的吸附量随着 pH 的增加先降低后增加，在 pH=6.5~7 时，吸附量最小，钙离子在两种黏土矿物表面的吸附规律均符合 langmuir 等温吸附规律。周永学和汪树军研究了水中金属离子在粉煤灰上的吸附行为，Mg^{2+} 和 Fe^{3+} 浓度使用分光光度比色法测定，Ca^{2+} 离子浓度使用离子电极法进行测定，结果表明，随着 Ca^{2+} 浓度增加，Ca^{2+} 去除率增加，随着 Mg^{2+} 和 Fe^{3+} 浓度增加，Mg^{2+} 和 Fe^{3+} 去除率降低，物理改性后的粉煤灰对各离子的吸附性能优于未改性粉煤灰。曹素红等使用静态试验和离子计研究了 Ca^{2+} 在煤泥表面的吸附行为，结果表明煤泥对 Ca^{2+} 有较强的吸附作用，吸附过程较好地符合准二级动力学方程，吸附平衡时间大约为 50 min，随着 pH 的增加，Ca^{2+} 在煤泥上的吸附量先增加后降低，在 pH=8~9 时，吸附量最高，推测在 pH<9 时，吸附以静电作用为主，在 pH>9 时，吸附以沉淀吸附和羟基吸附为主，煤泥对 Ca^{2+} 吸附量随着 Ca^{2+} 溶液浓度的增加而增大，Ca^{2+} 浓度大于 3.828 mmol/L 时，吸附量基本保持不变。顾全荣等利用离子色谱法研究了 Ca^{2+}、Mg^{2+}、Fe^{3+} 等在煤上的吸附，结果表明吸附等温线与 Langmuir 和 Freundlieh 等温式有一定的偏差，推测这是由于煤是非均匀的多孔固体，它自溶液中吸附金属离子的规律十分复杂导致的，不同离子在煤上吸附量排序由大到小为：Cu^{2+}，Mg^{2+}，Ca^{2+}，Fe^{3+}。张明青等对煤泥水中主要离子的溶液化学进行了研究，发现大部分煤泥水 pH 在 7.0 至 8.5 之间，在此 pH 范围内，铁、铝离子多以沉淀形式存在，对于钙离子而言，虽然颗粒界面区域钙离子的溶度积小于溶液中溶度积，但由于界面离子浓度小于界面 pH 所对应的形成沉淀的最小浓度，因此钙离子在黏土颗粒表面不能以表面沉淀形式存在，钙离子在黏土颗粒表面的吸附形式可能为静电吸附和羟基络合吸附；宋玲玲等使用静态吸附试验和离子计研究了 Ca^{2+} 在高岭土上的吸附特性，结果表明高岭土对 Ca^{2+} 的吸附过程分 2 个阶段，快速吸附和缓慢吸附，并且随温度的升高吸附平衡时间缩短，吸附过程的最佳温度约为 20℃，平衡吸附量随吸附剂浓度升高而减小，直至达到平衡，平衡吸附量随振荡速度增加而增加；此外宋玲玲也使用相同方法研究了 Ca^{2+} 在蒙脱土上的吸附特性，结果表明蒙脱土吸附 Ca^{2+} 的吸附能更好地符合 Freundlich 模型，吸附符合准二级动力学方程，计算得出其活化能是 19.460 kJ/mol，Zeta 电位测试结果说明吸附类型以物理吸附为主。

（2）在高分子药剂吸附方面，传统方法主要以分光光度比色法为主，常用淀粉-碘化镉显色，基本原理是基于酰胺基转变成胺基时霍夫曼重排的第一步，聚丙烯酰胺类絮凝剂溶于 pH=3.5 缓冲液中，用溴水将酰胺基氧化，过量的溴用甲酸钠还原，在直链淀粉存在下，酰胺基氧化产物将碘离子氧化形成具有特性蓝色的淀粉-碘络合物，通常在波长 590~610 nm 下用分光光度计进行测量。陈九顺等使用分光光度比色法研究了聚丙烯酰胺在硅胶表面的吸附，发现随着聚丙烯酰胺溶液浓度的增加，其吸附过程呈现不同的阶段，当聚丙烯酰胺溶液浓度极稀时（小于 20 mg/L），推测为单分子层吸附，吸附速率快，吸附构型为平躺性，在浓度为 20~40 mg/L 时，吸附量增加缓慢，此时被吸附的大分子可能不是平躺型，但仍以单层吸附为主，在浓度为 40~100 mg/L 时，吸附量又迅速增加，可能是第二类强吸附点作用的结果，在浓度高于 100 mg/L 后，开始进入多层吸附阶段，吸附量陡升。杨继萍和李惠生使用紫外分光光度法和 XPS 研究了部分水解聚丙烯酰胺在石英表面的吸附，结果表明吸附过程符合 langmuir 等温吸附模式，为不完全可逆吸附，XPS 分析表面 N/Si 原子比基本反映了聚丙烯酰胺在石英砂表面的吸附量，N_{1s} 结合能的升高反映了 HPAM 和石英砂表面间的氢键作用。肖庆华等使用紫外分光光度法和静态氮吸附仪研究了聚丙烯酰胺在煤粉上的吸附性能，结果表明聚丙烯酰胺在煤粉上的吸附符合 Langmuir 方程，即吸附量随着聚丙烯酰胺浓度的增加先快后慢地增加，至 1500 mg/L 后随着聚丙烯酰胺浓度的增加，吸附量变化较小，聚丙烯酰胺在煤粉上的吸附也随着溶液氯化钠含量、溶液/煤粉液固比增加而增加，但都会在某一值后达到吸附饱和，聚丙烯酰胺的吸附降低了煤粉表面分子存在的剩余表面自由场，比表面由 1.677 m^2/g 降低到 1.056 m^2/g。宋湘等使用碘-淀粉比色法研究了水解聚丙烯酰胺在油砂上的吸附性能，结果表明，水解聚丙烯酰胺的吸附量随温度的升高而增加，说明吸附过程的熵变为正值（即吸热），吸附过程符合 Langmuir 吸附方程，即吸附量随着浓度增加的变化幅度逐渐减弱，最后趋于稳定，达到吸附饱和，NaCl 对水解聚丙烯酰胺吸附量的影响较小，而 $CaCl_2$ 和 $MgCl_2$ 可大幅促进水解聚丙烯酰胺的吸附，作者推测该过程是由于 Ca²⁺和 Mg²⁺使水解聚丙烯酰胺分子链变得卷曲导致的，从而使分子链即使吸附在表面上也不完全伸展。胡靖邦等使用淀粉-碘化物显色法研究了盐度对部分水解聚丙烯酰胺在石英、高岭石、伊利石、长石等矿物表面吸附的影响，结果表明水解聚丙烯酰胺的吸附量随含盐量的增加而增加，当含盐量增加到一定值后，吸附量的增加趋势变缓，该作用规律可能是由于含盐量的增加使 HPAM 中—COONa解离程度减小，分子链卷曲程度增加导致的，同时也压缩了颗粒表面双电层，减小了斥力，使吸附量增加。侯万国等研究了部分水解聚丙烯酰胺在氢氧化物上的吸附性能，结果表明等温吸附曲线分为两个阶段，第一个阶段，随着浓度升高，吸附量逐渐增加，后趋于平衡，第二个阶段，随着浓度增加，吸附量再次增加，这可能是前期发生了单层吸附，后期发生了多层吸附。祝艳荣等使用碘化镉-淀粉显色分光光度法研究了 0~50 mg/L 低浓度范围内阴离子聚丙烯酰胺（PAM）在高岭土和蒙脱土上的吸附特性，结果表明，在低浓度范围内，阴离子型聚丙烯酰胺在高岭土和蒙脱土两种黏土矿物上有很强的吸附亲合力，吸附等温线为 Langmuir型，吸附等温线的 b 值变化规律表明，无机盐浓度较低时，PAM 分子主要以链序态吸附，无机盐浓度增大后，以链环态链端态吸附的数量逐渐增多，NaCl 和CaCl₂ 环境中，阴离子聚丙烯酰胺在蒙脱石和高岭石表面的吸附量增加，另外，Ca²⁺环境下，阴离子聚丙烯酰胺在蒙脱石表面吸附量增加更为明显，这可能是由于无机盐的存在减小了 PAM 和黏土矿物表面间的静电斥力，同时也减少了 PAM分子自身的旋转半径导致的。李宜强等使用淀粉-碘化镉比色法研究了聚丙烯酰胺在石英砂中的吸附及高岭土含量对吸附的影响，结果表明聚丙烯酰胺在不含油石英砂中的吸附量随浓度的升高而增加，吸附等温线为"S"形，溶液浓度在 1200mg/L 左右达最大，石英砂中未含高岭土时吸附量只有 0.953 mg/g，高岭土含量达 5%时，吸附量已增至 1.725 mg/g，另外随着高岭土含量的增加，聚丙烯酰胺的滞留量也在增加。闫佳等使用紫外分光光度法测定了聚丙烯酰胺在煤泥上的吸附特性，发现随着 pH 增加，聚丙烯酰胺在煤泥上的吸附量先增加后降低，在 pH=4~6 时，吸附量最高；在吸附时间达到 10 min 后，吸附达到平衡，符合 Lagergen准二级动力学过程。曾凡刚等使用酸漂白法研究了聚丙烯酰胺在含石英的不同矿物复配物上的吸附，结果表明吸附平衡时间大约为 10 h，在石膏等容易析出二价阳离子的矿物上容易达到平衡，而在高岭石等靠比表面控制吸附量的黏土矿物上达到平衡所需时间较长，在不同矿物表面吸附量由高到低排序为：石膏，蒙脱石，高岭石，黑云母，白云母，石英，总而言之，聚丙烯酰胺在比表面小、又不容易析出二价阳离子的矿物上的吸附量小。樊丽萍等采用乙二胺四乙酸二钠吸附-分光光度法研究了聚丙烯酰胺在改性膨润土上的吸附性能，结果表明，由溴化十六烷基三甲铵（CTMAB）阳离子改性的膨润土和双阳离子改性的膨润土对 PAM 的吸附等温线都符合 Langmuir 等温吸附曲线，改性膨润土的层间距是影响饱和吸附量的一个重要因素，改性后层间距越大，对聚丙烯酰胺的吸附量越大，双阳离子改性膨润土对 PAM 的饱和吸附容量随长碳链表面活性剂 CTMAB 的增加而增加。王松林等使用分光光度比色法研究了氢氧化镁铝胶体微粒与阴离子聚丙烯酰胺的吸附，发现由于氢氧化镁胶体微粒带有正电荷，它与阴离子聚丙烯酰胺的吸附作用极强，两者混合时，可立即形成大量沉淀物。

综上所述，传统吸附试验方法可以得到一定的吸附量数据，但也具有较多的局限性，包括：①很难对吸附过程进行原位监测，不能跟踪吸附和脱附过程，只得到最终吸附量结果，而吸附脱附过程对了解药剂的作用机制是至关重要的；②试验过程烦琐、耗时，需要多个操作步骤；③测试结果精度低，受多方面因素影响，pH、金属离子等存在对测试结果有影响。

近些年发展起来的耗散石英微晶（QCM-D）作为新兴的吸附测试技术，可以直接实时测量物质在目标界面的动态吸附脱附状况，并且可对吸附层构型、吸附层厚度、吸附作用强度等进行分析比较，具有传统方法不具备的优势和便利，此外分子模拟也在吸附机理研究方面有了大量应用，下文将对 QCM-D 技术和分子模拟在矿物固液分离界面吸附方面的研究状况进行详细阐述。

1.7.2 QCM-D 方法的应用进展

（1）QCM-D 介绍

耗散石英微晶天平 Quartz Crystal Microbalance with Dissipation Monitoring（QCM-D）的核心组件是石英微晶压电材料，石英晶体片两侧镀上金属膜后形成电接触点，在交流电势（电压）的作用下会发生晶体振荡，晶体的振荡频率对质量极其敏感，在特定条件下，振荡频率依赖晶体厚度，反过来也取决于晶体上质量的变化。

Sauerbrey 发现石英晶体频率的变化幅度与石英晶体上质量增加的幅度成正比，但这个关系仅适用于空中或真空中刚性材料在石英晶体上的沉积，而在液体环境中，Kanazawa 等人发现石英微晶频率的变化与液体密度与黏度乘积的平方根成正比，石英晶体的振荡频率取决于总的振荡质量，所以吸附量计算的方法取决于吸附层的类型，用于刚性膜吸附量计算的 Sauerbrey 方程可以表达为：

$$\Delta m = -k\Delta f \tag{1-5}$$

式（1-5）中 Δm 为单位面积的吸附量（g/cm^2），Δf 为频率变化（Hz），k 为常数。

对于软性的黏弹性吸附层来说（比如高分子药剂、蛋白质等），其与石英传感器的耦合程度较低，通常会阻尼掉一部分石英微晶的振动频率，在黏弹性吸附层的阻尼作用较大时，频率与 Δm 就不再呈现线性关系，因此需要定义另一个参数来表征吸附层的黏弹性性质，即耗散因子，耗散因子可以描述石英晶体振荡期间的能量耗散，其表达式为：

$$D = \frac{1}{Q} = \frac{E_\mathrm{d}}{2\pi E_\mathrm{s}} \tag{1-6}$$

式(1-6)中 Q 是晶体的质量因子，E_d 是晶体振荡期间的能力耗散(10^{-6})，E_s 是振荡系统储存的能量。较高的 D 值表明吸附层较为柔软和松散，较低的 D 值表明吸附层刚性较大和密实性较好。在 QCM-D 中，D 的变化可以通过拟合振荡衰变得到，其与 f 的关系可以表示为：

$$D = \frac{1}{\pi f \tau} \tag{1-7}$$

对于液体中黏弹性层的吸附量计算来说，通常使用 Voigt 黏弹性模型，该模型假设吸附层厚度均匀，包围其的流体为半无限牛顿流体(无滑移条件)，此时吸附层的复剪切模量(G)可由下式描述：

$$G = G' + iG'' = \mu_\mathrm{f} + i2\pi f\eta_\mathrm{f} = \mu_\mathrm{f}(1 + i2\pi f\tau_\mathrm{f}) \tag{1-8}$$

式(1-8)中 G 为复剪切模量$[\mathrm{g/(cm \cdot s)}]$，$G'$ 为贮能模量，G'' 为损耗模量，f 为频率，μ_f、η_f 和 τ_f 分别为弹性剪切模量、剪切黏度和特征弛豫时间，τ_f 等于 μ_f 和 η_f 的比值，因此频率变化与耗散变化可以与吸附层的密度和厚度的变化相关联：

$$\Delta f = Im\left(\frac{\beta}{2\pi\rho_\mathrm{q}l_\mathrm{q}}\right) \tag{1-9}$$

$$\Delta D = -Re\left(\frac{\beta}{\pi f\rho_\mathrm{q}l_\mathrm{q}}\right) \tag{1-10}$$

其中：

$$\beta = \xi_1 \frac{2\pi f\eta_\mathrm{f} - i\mu_\mathrm{f}}{2\pi f} \times \frac{1 - \alpha\exp(2\xi_1 h_\mathrm{f})}{1 + \alpha\exp(2\xi_1 h_\mathrm{f})} \tag{1-11}$$

$$\alpha = \frac{\dfrac{\xi_1}{\xi_2} \times \dfrac{2\pi f\eta_\mathrm{f} - i\mu_\mathrm{f}}{2\pi f\eta_1} + 1}{\dfrac{\xi_1}{\xi_2} \times \dfrac{2\pi f\eta_\mathrm{f} - i\mu_\mathrm{f}}{2\pi f\eta_1} - 1} \tag{1-12}$$

$$\xi_1 = \sqrt{-\frac{(2\pi f)^2\rho_\mathrm{f}}{\mu_\mathrm{f} + i2\pi\eta_\mathrm{f}}} \tag{1-13}$$

$$\xi_2 = \sqrt{i\frac{2\pi f\rho_\mathrm{f}}{\eta_1}} \tag{1-14}$$

式(1-9)至式(1-14)中 h_f 和 ρ_f 分别为吸附层的密度$(\mathrm{kg/m^3})$和厚度$(\mathrm{m^3})$，本书中使用的 QCM-D 仪器为 Biolin Scientific 公司生产的 QSense® Analyzer，如图 1-3 和图 1-4 所示，该仪器有 4 个通道，即可同时进行 4 组吸附试验。试验数据

可在仪器配套的 Q-tool 软件中进行处理，通过使用 Voigt 模型对不同 overstone 下的频率和耗散进行拟合，可以得到吸附层的厚度 h_f、剪切黏度 η_f 和剪切模量 μ_f，本书中主要使用了 3rd, 5th 和 7th overstone 下数据进行拟合，由吸附层厚度可根据式(1-15)进一步计算出吸附量，当然 Voigt 模型计算过程中假设了吸附层具有各向同性，且吸附层厚度均匀。

$$\Delta m = h_f \times \rho_f \tag{1-15}$$

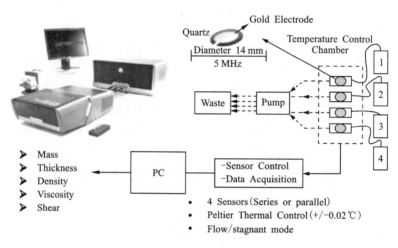

图 1-3　QSense® Analyzer 的工作原理

图 1-4　QSense® Analyzer 仪器与传感器

总而言之，QCM-D 通过不同时间反馈的频率(f)和耗散(D)变化来反映物质在表面的吸附情况，通常频率变化越大，表示吸附量增加越多，f/D 的比值可以用于解释吸附量增加与吸附层刚度变化间的关系，f/D 是直线，说明吸附过程中，构型没有变化。高 f 值却产生了低 D 值，说明吸附层较为密实。D 的变化主要是由吸附层的黏弹性决定的，刚性较大的层的 D 变化小，松散柔软的层 D 的变化较大。如果 f 随着 D 的变化出现了两个斜率，在单组分吸附环境中，说明吸附层构型发生变化，在多组分吸附环境中，可能为优先吸附，其分析需根据具体环境而定。

计算的吸附量可以提供更明确和利于理解的信息，用 Sauerbrey 模型计算的黏弹型物质的吸附量结果往往偏低，Voigt 模型计算的黏弹性物质的吸附量与真实吸附量更加接近，两者均可用于物质吸附的定性比较，但在定量方面，Voigt 模型更加适用于黏弹性物质的吸附，比如高分子药剂等。

（2）QCM-D 的应用研究进展

QCM-D 具有高度敏感性、高稳定性、高数据再现性（相比而言，原子力显微镜 AFM 手段的数据再现性较低），使其在界面吸附的研究中大放异彩，近些年已经逐渐应用于矿业领域的界面吸附研究工作，比如：Alagha 等利用 QCM-D 研究了人工合成 Al-PAM（阳离子高分子药剂）和阴离子聚丙烯酰胺在石英和氧化铝表面的吸附，发现阴离子聚丙烯酰胺在氧化铝上的吸附量高于在石英上的，而 Al-PAM 中铝含量的升高有利于聚合物在石英上的吸附，不利于在氧化铝上的吸附，更进一步的研究结果表明 Al-PAM 可以有效将纳米石英颗粒连接到石英表面上；Wang 等利用 QCM-D 研究了人工合成壳聚糖枝接改性聚丙烯酰胺（阳离子类型）在氧化铝和石英表面的吸附，发现该聚合物在石英表面的吸附能力比在氧化铝表面强，随着 NaCl 或 $CaCl_2$ 含量的增加，吸附能力变弱，且吸附层被压缩，同时该聚合物在云母表面的吸附量也较低。Chowdhury 等利用 QCM-D 研究了金属离子对纳米氧化石墨烯颗粒在石英表面吸附的影响，发现在 pH＝5.5 时，不同无机盐使氧化石墨烯在石英表面吸附的临界浓度为：NaCl 40 mmol/L，$MgCl_2$ 1.2 mmol/L，$CaCl_2$ 1 mmol/L，NaCl 作用下最容易脱附，$CaCl_2$ 作用下最难脱附，表明钙离子更容易促进氧化石墨烯在石英上的吸附，且吸附强度高，这与 DLVO 理论相符。Bakhtiari 等使用 QCM-D 研究了伊利石和高岭石颗粒与沥青表面的相互作用，结果表明 NaOH 的添加可以促进伊利石和高岭石在沥青上的吸附，而腐殖酸的添加可以抑制伊利石和高岭石在沥青上的吸附。Hashmi 等使用 QCM-D 研究了聚丙烯酰胺及其衍射物在石英表面的吸附，发现吸附量由高到低排序为：非离子聚丙烯酰胺，部分水解聚丙烯酰胺，磺化聚丙烯酰胺。Klein 等使用 QCM-D 研究了 pH＝8 时，去离子水环境下工业用阴离子聚丙烯酰胺在氧化铝、石英和沥青上的吸附，发现阴离子聚丙烯酰胺几乎不能吸附在石英和沥青上，但能吸附在氧化铝上。Alhashmi 等使用 QCM-D 和 AFM 研究了非离子聚丙烯酰胺、水解阴离子聚丙烯酰胺和磺化阴离子聚丙烯酰胺对石英的吸附作用，结果表明三种聚合物在石英表面的吸附量由高到低为：非离子聚丙烯酰胺，水解阴离子聚丙烯酰胺，磺化阴离子聚丙烯酰胺，AFM 的研究结果进一步表明，20 分钟时，在非离子型药剂环境下，石英探针和石英基底间仅存在弱吸引力，而在磺化阴离子型药剂环境下，探针和基底仅表现出空间位阻力，当时间长达 20 小时后，所有药剂环境下，探针靠近基底时均产生较高的空间位阻力，且远离时，黏附力消失，说明长时间作用后，高分子药剂全部覆盖到了石英表面。Deng 等使用 QCM-D 研究了纳米石英颗粒在闪锌矿表面的吸附行为，结果表明在过饱和石膏溶液中，石英颗粒会大量沉积到闪锌矿表面，产生罩盖，石英可以持续在闪锌矿表面发生吸附，不能达到吸附平衡，说明石英颗粒间发生了同质凝聚行为，石英与闪锌矿以及石英与石英之间的强烈作用可能是由于石膏溶液中的 Ca^{2+} 离子导致的，高浓度的 Ca^{2+} 可以导致石英-闪锌矿间的异质凝聚行为和石英-石英间的同质凝聚行为。Thio 等使用 QCM-D 研究了自然河水环境对二氧化钛颗粒间的凝聚/沉降的影响，结果表明，腐殖酸通过产生 Steric 斥力，极大地阻碍 TiO_2 纳米颗粒在石英表面的吸附，因此腐殖酸可以使 TiO_2 颗粒保持分散，如果没有腐殖酸存在，TiO_2 颗粒会迅速凝聚。Chowdhury 等使用 QCM-D 研究了光催化氧化石墨烯颗粒在腐殖酸表面的吸附，结果表明随着光处理时间的增加，氧化石墨烯颗粒的吸附速率减小，说明光处理可以使颗粒之间运动势变得更强。Findenig 等使用 QCM-D 研究了不同聚合无机盐-黏土矿物复合物的形成过程与结构特性，结果表明 pDADMAC 和 HPMA 的吸附量和吸附层厚度随着 NaCl 浓度的增加而增加，而 PEI 的吸附受 NaCl 浓度的影响较小，同时，PEI-黏土复合物的膨胀性要低于另外两种聚合物与黏土形成的复合物的。Bakhtiari 等使用 QCM-D 研究了酸碱性对沥青和黏土矿物间作用的影响，结果表明，在低碱性条件下，伊利石可以黏附到沥青表面，随着碱性增强，伊利石与沥青间的作用降低，腐殖酸的加入可以抑制伊利石与沥青间的相互作用。Li 等使用 QCM-D 研究了腐殖酸等有机污染物在氧化铝、聚苯乙烯、四氧化三铁、羟基磷灰石表面的吸附，以解释水环境常见的有机污染问题，结果表明腐殖酸在氧化铝和聚苯乙烯表面的吸附符合 Langmuir 等温吸附模型，在氧化铝和羟基磷灰石表面吸附速度快，形成单层吸附层，在聚苯乙烯和四氧化三铁表面的吸附却与此不同，0.5~5 mmol/L 的低浓度二价金属阳离子（Ca^{2+} 或 Mg^{2+}）可以极大地提高腐殖酸在二氧化硅、氧化铝和聚苯乙烯表面的吸附量，进一步分析表明，在二价金属阳离子环境下，腐殖酸会形成一种独特的附加层结构。Chowdhury 等使用 QCM-D 研究了氧化石墨烯与石英、多聚左旋赖氨酸表面间的相互作用，结果表明在多聚左旋赖氨酸涂层表面，随着氧化石墨烯浓度的增加，其吸附速率迅速增加，提高 NaCl 浓度同样会使氧化石墨烯在石英表面的吸附速率增加，随着离子价态的增加，吸附速率减小，在 $CaCl_2$ 环境中，仅有极少量氧化石墨烯吸附在石英表面。Ngang 等使用 QCM-D 研究了油滴乳状液在温敏性膜材料（PVDF/SiO_2-PNIPAM）表面的吸附行为，结果表明油在该材料表面的吸附速率很小，这是由于 PNIPAM［聚（N-异丙基丙烯酰胺）］的亲水性导致的，但是当盐度改变时，由于

PNIPAM 的盐析作用，油的吸附量增加，尽管如此，脱附情况表明，在交替热循环下，PNIPAM 颗粒的收缩和溶胀作用提供了一种驱动力，可将 20% 左右的吸附油层从膜表面分离出来。Slavin 等使用 QCM-D 研究了官能团、分子量等对含硫聚合物在金表面的吸附，模拟结果表明含二硫醚官能团的硫聚合物产生的吸附量要高于含二硫、三硫或硫醇类官能团的硫聚合物，在高分子量情况下，硫化基团的作用不明显。姜家良等使用 QCM-D 研究了过滤出水有机物在纳米石英改性超滤膜表面的吸附，结果表明，膜表面的亲水性越好，膜表面出水有机物的吸附量就越少，出水有机物在膜表面的吸附速率明显减缓，出水有机物的吸附经历了两个阶段：在 15 min 内的初始阶段，有机物快速吸附到膜表面并堆积，当吸附频率达到平衡时，耗散却处于非平衡状态，该现象说明虽然出水有机物在膜表面的吸附量达到稳定，但其吸附层的构象却仍在变化。杜伟民使用 QCM-D 研究了两性聚丙烯酰胺在纤维素表面的吸附行为，模拟结果表明，两性聚丙烯酰胺可以在纤维素表面发生吸附，吸附构型取决于聚合物和表面的电荷密度，在 pH=7~8 时吸附量达到最高。Wu 等使用 QCM-D 研究了聚-异丙基丙烯酰胺（PNIPAM）在金表面的吸附，吸附量与溶液浓度呈指数关系，吸附的衰减常数（倒数时间常数）与浓度呈线性关系，由此测定了分子在金表面的吸附和解吸速率，在低浓度下，PNIPAM 的平衡吸附量急剧上升，当浓度达到 20 ppm 时，平衡吸附量到达平台阶段，平台被解释为 PNIPAM 的饱和单层吸附，在低覆盖度下，耗散因子随浓度的增加而增加，随着 PNIPAM 单层吸附的完成，耗散因子略有降低。Naderi 等使用 QCM-D 研究了聚无机盐-表面活性剂复合物在疏水材料表面的吸附，结果表明在没有十二烷基苯磺酸钠（SDS）时，聚乙烯胺可以吸附到聚苯乙烯表面，当 SDS 存在时，SDS 的吸附起到了主导作用，吸附平衡时间通常需要 1~2 h。

综上所述，QCM-D 在研究药剂的固液界面吸附作用和吸附构型方面具有独特的优势，并且在颗粒与界面相互作用方面也有一定应用，结果的再现性高，可得到比传统吸附研究方法更深入、更精确的结果。

1.7.3　分子模拟方法的应用进展

（1）分子模拟方法介绍

分子模拟通常包括量子力学与经典力学两部分内容，量子力学以分子中电子的非定化区域为基础，一切电子的行为以其波函数表示，电子的波函数需求解薛定谔方程式（1-16），除了极其简单的体系，薛定谔方程几乎无法求解，为了对量子力学原理进行应用，研究者们对薛定谔方程进行了近似求解，经过多年的发展与改进，获得 1999 年诺贝尔物理学奖的密度泛函理论（Density functional theory，DFT）是当前精度最高的量子计算方法，其计算结果与试验结果有着极高的契合度。

$$\hat{H}\Psi = E\Psi \tag{1-16}$$

式(1-16)中 $\hat{H}$ 为薛定谔算子，具体为一些数学指令，Ψ 为电子波函数，E 为能量。

量子力学计算过程极为复杂，只适用于简单的分子或原子体系，研究简单分子或材料的性质及相互作用，但对于较大体系的计算难度较大，为了研究更大体系的热力学和动态行为，依据经典力学诞生了分子力学方法，分子力学方法中，依照波恩-奥本海默近似(Born-Oppenheimer approximation)将电子进行了忽略，将系统的能量用原子核位置的函数表示，这大大降低了计算时间成本，分子的特性由力场(force field)中参数进行描述，力场参数来源于量子力学或试验方法，因此分子力学方法中，力场的精度决定了计算的可靠性，在力场较为精确的情况下，分子力学得到的结果几乎与量子力学一致，但计算时间大大缩短。

分子力学可描述较大体系中分子间微观相互作用，从分子水平研究宏观现象，对试验现象进行预测或验证，更重要的作用是发现试验难以发现的现象，主要有蒙特卡洛(Monte Carlo MC)和分子动力学(Molecular Dynamics MD)。蒙特卡洛算法根据系统中原子或分子的随机运动，结合统计力学的概率分配原理，得到体系的统计或热力学资料。分子动力学是当前应用更为广泛的方法，通过对分子、原子在一定时间内运动状态的模拟，从而以动态观点考察系统随时间演化的行为，通常分子、原子的轨迹是通过数值求解牛顿运动方程得到的，势能(或其对笛卡儿坐标的一阶偏导数，即力)通常可以由分子间相互作用势能函数、分子力学力场等给出，分子动力学也常常作为研究复杂体系热力学性质的采样方法，在分子体系的不同状态构成的系统中抽取样本，从而计算体系的构型积分，并以构型积分的结果为基础进一步计算体系的热力学量和其他宏观性质。目前可进行分子模拟的相关软件主要有：Materials Studio、Gaussian、Lammps、AMBER、GROMACS、GULP、VASP 等。

(2)分子模拟的应用研究进展

在矿物加工领域，分子模拟主要用于研究矿物晶体性质、药剂化学性质、矿物/药剂间相互作用、药剂分子设计、变化趋势预测等。Zhang 等使用分子模拟研究了浮选捕收剂在煤表面的吸附行为，模拟结果表明，三种捕收剂：十二烷，壬基苯和壬基酚均可在水中形成球形不溶性油滴，当把捕收剂油滴放置于煤表面后，三种捕收剂均可自发排斥掉煤表面水分子，在煤表面扩散，同时降低煤表面粗糙度，壬基酚通过 P-P 堆积在煤表面发生吸附，吸附最稳定，其次是壬基苯和十二烷。与原煤相比，吸附捕收剂后，煤-水的氢键作用数量减少，水的流动性增强，煤表面疏水性增加，但捕收剂对煤疏水性的改变幅度与吸附不一致，十二烷最有利于提高煤的疏水性，壬基酚的疏水改善效果最差；Xia 等使用分子模拟研究了十二烷基三甲基溴化铵(DTAB)和十二烷在煤表面的吸附行为，模拟结果表明，低阶煤含有的大量含氧官能团使得非极性的十二烷分子在煤表面的吸附效果很差。煤表面预先吸附有 DTAB 后，十二烷的吸附量会增加，这是因为煤-DTAB 复合物存在疏水结构，并且 DTAB 存在条件下，十二烷分子的流动性降低，提高了十二烷与煤间的相互作用能，模拟结果与试验结果较为一致。Liu 等使用分子动力学研究了叔胺在高岭石基面的吸附，发现捕收能力由大到小排序为 DEN，DPN，DRN。叔胺阳离子在高岭石(001)表面吸附时，与 N 键合的取代基几何构型发生偏转和扭曲，键角发生变化。陈攀等使用分子动力学模拟研究了季(鏻)盐 TTPC 与高岭石的作用，模拟结果表明 TTPC 特有的分子结构促进了其与矿物表面间 CH…O 氢键的形成，更强的静电作用力和吸附能使得季(鏻)盐(TTPC)在高岭石表面吸附更加牢固，从而使其具有更优异的浮选性能。刘臻等使用分子动力学研究了十二胺、十二醇及其混合物与石英的界面作用，发现十二胺可在石英表面形成稳定的柱状半胶束，而十二醇则不与石英表面发生作用，悬浮在水相之中。在混合药剂情况下，十二醇可以通过疏水性碳链间作用黏聚在十二胺半胶束上方，但不改变胶束化过程。韩永华等利用密度泛函理论研究了羟基钙在高岭石两种基面上的吸附，计算结果表明羟基钙在高岭石两种基面均可发生稳定吸附，但吸附机理有所不同，在铝氧八面体面，羟基钙中的钙离子有脱离羟基钙的趋势，羟基钙以氧原子和高岭石铝氧面的氢原子成键吸附为主，且在由表面 3 个 H 原子围成的穴位处最为稳定，同时与表面有较弱的静电作用；而在硅氧四面体面，羟基钙中钙原子与硅氧面的氧原子结合紧密，钙原子带有大量正电荷与荷负电底面以静电吸附方式结合，稳定作用于底面硅氧原子围成的十二元环中心处，在溶液环境中，水分子对羟基钙在铝氧(001)面吸附影响大而对硅氧(001)面影响较小。Suter 等使用分子动力学研究了 Na^+ 离子在蒙脱石表面的吸附行为，模拟结果表明，距离蒙脱石片层中心 6.1 Å 的位置是最低自由能区域，该区域介于所谓的内球复合物与外球复合物之间，Na^+ 会优先吸附至此区域，与一个表面氧原子结合，并且会与有 4 个层间水分子配位，在铝取代表面的 Si_5Al 环上的吸附要比在 Si_6 环上的吸附更加稳定。Zhao 和 Burns 使用分子模拟方法，研究了三种碳链长度为 1~16 碳的有机黏土[四甲基铵(TMA)黏土、脱甲基三甲基铵(DTMA)黏土和十六烷基三甲基铵(HDTMA)]黏土中苯的吸附机理，模拟结果证实了表面活性剂的吸附构型控制着有机黏土对苯的吸附，在 TMA 阳离子存在下，苯分子与黏土表面直接相互作用，但在 HDTMA 阳离子存在下，苯与层间 HDTMA 的脂肪链相互作用。Bourg 和 Spositoa 使用分子动力学模拟了 $NaCl-CaCl_2$ 混合溶液环境下蒙脱石表面的双电层结构，结果证实了双电层中经常假设的三种不同的离子吸附面(0-面，β-面和 d-面)是存在的，但有两个重要条件：①β-面和 d-面的位置与离子强度或离子类型无关；②惰性无机盐能占据所有三种表面，由于黏土表面与 Ca^{2+} 离子对的亲和性，在扩散离子群中发生电荷反转，因此，在浓度为 0.34

mol/dm^3 时，远距离静电在界面(电泳、电渗透、共离子排斥、胶体聚集)产生的特性将无法被大多数 EDL 模型正确预测，通常被表面形态模型忽略的共离子排斥，在较集中的溶液中平衡了大部分黏土矿物的结构电荷，水分子和离子甚至在第一个统计的水单层中也迅速扩散，这与关于黏土矿物表面的水的刚性"冰"结构的报道相矛盾。Xu 等使用分子动力学研究了阳离子捕收剂、水和蒙脱石间的相互作用，模拟结果表明，水化能总是随着表面覆盖率的增加而增加，并且计算值与试验值吻合度良好，通过计算阳离子捕收剂、水分子和底物之间的相互作用，发现铵离子具有抗水化的热力学优势，对浮选有利。Xing 等用分子动力学研究了金属阳离子在蒙脱石层间的吸附行为，模拟结果表明，Ca-蒙脱石的层间距和阳离子交换容量高于 Mg-蒙脱石和 Fe-蒙脱石的，Pb^{2+} 离子在不同蒙脱石上的吸附是快速的，吸附量由高到低为 Ca-蒙脱石，Mg-蒙脱石，Fe-蒙脱石，Pb^{2+} 取代 Ca^{2+} 时能量降低幅度远大于取代 Fe^{3+} 时的。Peng 等使用分子动力学研究了十二胺(DDA)在蒙脱石上的吸附行为，模拟结果表明 DDA 离子在蒙脱石基面上的吸附主要是物理吸附，包括静电吸引和氢键作用，一些中性 DDA 分子的存在更加有利于 DDA 的吸附，在 pH 为 8 左右时，DDA 分子和离子形成致密、结构良好的单分子层，疏水改性效果最好，MD 模拟结果与接触角、吸附量、FTIR 等参数吻合较好。Rai 等使用分子模拟研究了油酸盐、十二烷基氯化铵与铝硅酸盐矿物间的相互作用，模拟结果表明，油酸盐在锂辉石、钙长石、白云母上的吸附能远高于水，油酸盐、十二烷基氯化铵在锂辉石 110 面的吸附能高于在 001 面。Praus 等使用分子模拟研究了苯酚、苯胺在天然和四甲基铵阳离子改性蒙脱石上的吸附，模拟结果表明，苯胺在蒙脱石上的吸附很强，但在改性蒙脱石上的吸附量降低，苯酚与此相反，在改性蒙脱石上的吸附量高于原蒙脱石，这是由于在原生蒙脱石表面，水分子可以形成水化膜，水化膜可以阻碍苯酚吸附至蒙脱石表面，但对苯胺却没有阻碍作用，而在改性蒙脱石表面，其水化作用减小。Liu 等使用分子模拟研究了水合状态对苯在蒙脱石上吸附的影响，模拟结果表明苯在干蒙脱石外表面的吸附能由高到低为：Na-蒙脱石(-0.46 eV)，K-蒙脱石(-0.39 eV)，Cs-蒙脱石(-0.36 eV)。在水环境下，苯分子逐渐被水分子从蒙脱石表面排挤出来，吸附到水-真空界面上，在未水化的蒙脱石层间，苯分子只能平躺于硅氧烷表面，由于扩大层间距需要消耗能量，吸附能为高正值，水分子可以使蒙脱石膨胀从而促进苯在层间的吸附，随着水分子数量的增加，苯的吸附能逐渐由正变负，水分子会影响苯与配衡阳离子间的作用，苯分子与弱水化阳离子的结合更紧密，与水合阳离子相比，硅氧烷表面更容易成为苯分子的吸附位点。Zhu 等使用分子模拟研究了四氯二苯并-p-二噁英(TCDD)在四甲基铵(TMA)和四丙基铵(TPA)改性蒙脱石上的吸附行为，模拟结果表明，在 TPA 改性蒙脱石外表面与层间，TCCD 吸附在 TPA 阳离子间，分子边缘朝向硅氧烷表面，在 TMA 改性蒙脱石的外表面吸附时，表面处有相似的行为，这表明 TCDD 与有机阳离子间的相互作用强于与硅氧烷表面间的相互作用，当 TCDD 吸附到 TMA 改性蒙脱石层间时，TCDD 与硅氧烷表面呈共面取向，与 TMA-mont 相比，TPA-mont 对 TCDD 具有更大的吸附能，但是有更小的层间距。Zhang 等使用分子模拟研究了常见黏土矿物(叶蜡石、蒙脱石、伊利石、高岭石)的表面润湿性，模拟结果表明，随着蒙脱石表面电荷的增加，其亲水性增加，2∶1 结构的叶蜡石表面可完全被烷烃润湿，不受盐度影响，对于 1∶1 结构的高岭石，盐的存在可使其表面完全被水润湿，在无盐条件下，其表面表现出一定程度的烷烃润湿性，整体而言，盐离子在表面的吸附会提高黏土矿物的亲水性，进一步使用非平衡分子动力学研究了水/烷烃/盐离子在黏土矿物纳米孔隙中的流体动力学，模拟结果表明，蒙脱石和高岭石表面均可以限制水在纳米孔隙中的流动，癸烷分子倾向于聚集在一起，以团簇方式移动，且比水分子的移动速度快。Zhang 等使用分子模拟研究了 CO_2 和甲烷在伊利石中的吸附，模拟结果表明，甲烷和 CO_2 在伊利石表面的吸附能分别为 -3.5 kJ/mol 和 -25.09 kJ/mol，层间配衡阳离子 K^+ 对 CO_2 的吸附有重要作用，计算结果与试验数据基本吻合。Lammol/Lers 等人通过分子模拟研究了 Cs 和 Na 在伊利石不同位置的竞争吸附行为，模拟结果与使用表面络合模型的亲和性和选择性解释的结果基本一致，基面上的阳离子交换行为是理想的热力学行为，但在侧面和层间确实是复杂的非理想的，基面对 Cs 的选择性较低，侧面和层间对 Cs 有较高的亲和性，基面上 Cs 和 Na 的阳离子交换的动力学行为是快速的，在侧面是很慢的。Chen 等通过 DFT 研究了胺/铵盐在高岭石上的吸附，计算模拟结果表明，不同的胺/铵离子通过形成 N—H··O 强氢键或 C—H··O 弱氢键，可以在高岭石两种基面发生吸附，不同的胺/铵离子与高岭土表面具有较强的静电吸引，胺/铵离子在高岭石上的主要吸附机理是氢键作用和静电吸引。

总体而言，分子模拟手段在矿物性质与界面作用方面的应用研究日趋成熟，尤其对难以实现试验研究的作用体系是较好的补充，目前量子方法应用的缺点主要是体系小，实现真实环境的模拟较为困难，而分子动力学的应用限制在于合适的力场匹配，尤其是对于复杂矿物体系。

第2章 无机盐在碳表面吸附脱附的 QCM-D 研究

工业煤泥水中存在大量无机盐离子，包括 Na^+、K^+、Ca^{2+}、Mg^{2+}、Cl^- 等，众多试验现象与研究结果表明，煤泥水中的离子，尤其是高价金属阳离子对煤泥颗粒的分散/凝聚有极大影响，从而进一步影响煤泥水固液分离效果。考虑到氯化盐广泛存在于煤泥水中，本章以无定形碳为煤模型，采用 QCM-D 手段研究了 6 种无机盐 NaCl、KCl、$MgCl_2$、$CaCl_2$、$AlCl_3$、$FeCl_3$ 在煤模型表面的吸附脱附行为及规律，分析吸附脱附动力学过程和吸附层构型，使用溶液化学理论计算了无机盐溶液中的离子元素形态，分析浓度和含氧量对无机盐溶液中离子元素形态分布的影响，并结合双电层理论、德拜长度和静电斥能对无机盐的作用机理进行了探讨。

QCM-D 研究过程中需要使用煤表面传感器，但由于纳米煤颗粒制备困难，且经过多次尝试，发现纳米煤表面性质极容易改变，难以加工制作成传感器或制备成纳米煤颗粒溶液进行测试，因此在加拿大阿尔伯塔大学和澳大利亚南澳大学相关领域专家的建议下采用无定形碳(amorphous carbon)传感器提供碳表面进行试验，图 2-1 为无定形碳传感器的 AFM 图像。在矿物学中，无定形碳是煤、烟灰、碳化物衍生碳和其他既不是石墨也不是钻石的不纯碳形式的名称，煤炭是天然存在的无定形碳，Manoj、Li、Ye、Vermaak 等人也对煤、无定形碳及煤制备的无定形碳的相关研究结果进行了报道，因此，使用无定形碳传感器用作煤模型具有一定的合理性。

QCM-D 试验在 25℃ 恒温环境中进行，样品流入速度均为 0.1 mL/min，由于 3rd 或 5th overstone 下的数据变化较为敏感且稳定，通常用于进行数据分析，书中展示的 QCM-D 测试结果均为 3rd overtones 下的数据，吸附量数据主要使用 Qtools 软件中的 Sauerbrey 方程进行计算。

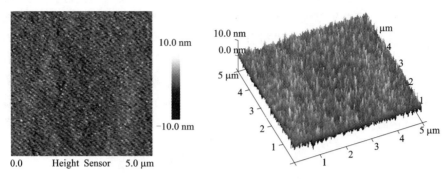

图 2-1　无定形碳传感器 AFM 图像

2.1　一价无机盐在碳表面的吸附脱附特性

2.1.1　KCl 的吸附脱附特性

（1）KCl 溶液中元素形态分析

无机盐溶液中的化学平衡对其吸附行为有很大影响，分析了不同浓度 KCl 溶液中的化学平衡，得到了其组分的元素形态分布，由表 2-1 可知，理想 KCl 溶液中有 7 种组分，关于 K 的离子或可溶性化合物有三种，包括带正电的 K^+、KCl（aq）和 KOH（aq），aq 表示可溶性组分，表 2-1 中的浓度为体系中各组分的总浓度，活度为体系中各组分的有效浓度，在无机盐溶液中，离子间相互作用使得离子通常不能完全发挥其作用，实际参与电化学反应的离子的有效浓度称为活度（activity）。离子活度与浓度间存在定量关系：

$$\alpha = \gamma c \tag{2-1}$$

式（2-1）中，α 为离子活度，γ 为离子活度系数，c 为离子浓度，活度系数通常小于 1。

由式（2-1）可知，在无限稀溶液中，离子几乎不会受到周围离子影响的作用，此时离子活度最高，活度系数 γ 趋于 1，所有离子均可参与电化学反应，活度等于浓度；在高浓度溶液中，离子受到周围离子的影响非常大，活度系数减小，活度小于浓度，由此可知，仅在理想的稀溶液中，可用浓度近似分析离子的吸附行为，而在较高浓度溶液中，均需使用活度来分析，log 活度为活度的对数值，由于活度值较小，对其取对数，可将数值放大，更方便用于比较，log 值越接近零，其活度越高。

表 2-1 表明 KCl 溶液的浓度越低，组分的浓度与活度值越接近，浓度越高，组分的浓度与活度差别越大，说明在本书研究的浓度范围内，已经不宜使用浓度进行分析，需以组分的活度值进行分析，KCl 溶液浓度仅对各组分含量有影响，对组分含量的排序没有影响，各组分含量由高到低为 $Cl^- = K^+ \gg KCl(aq) > H^+ > OH^- \gg KOH(aq)$，KCl 溶液中以 Cl^- 和 K^+ 为主，Cl^- 和 K^+ 数量相等，Cl^- 和 K^+ 可占到溶液中总离子的 99% 以上，其次为微量的 KCl(aq)，即可溶态的 KCl，H^+、OH^- 和 KOH(aq) 的含量极低，约占万分之一。随着 KCl 浓度的升高，溶液中不同离子组分的浓度和活度(有效浓度)均增加，但 H^+、OH^- 和 KOH(aq) 的增加量非常低，主要增加的离子以 Cl^- 和 K^+ 离子为主，其次为 KCl(aq)。

表 2-1　不同浓度 KCl 溶液中元素形态分布

1 mmol/L KCl						
序数	组分	浓度 /(mmol·L^{-1})	浓度占比 /%	活度 /(mmol·L^{-1})	活度占比 /%	log 活度
1	Cl^-	1.00	49.98	0.96	0.50	−3.0
2	K^+	1.00	49.98	0.96	0.50	−3.0
3	KCl(aq)	4.7×10^{-4}	0.02	4.7×10^{-4}	0.02	−6.3
4	H^+	1.0×10^{-4}	0.004	1.0×10^{-4}	0.0004	−7.0
5	OH^-	1.0×10^{-4}	0.004	1.0×10^{-4}	0.0004	−7.0
6	KOH(aq)	1.7×10^{-7}	0.000007	1.7×10^{-7}	0.000008	−9.8

10 mmol/L KCl						
序数	组分	浓度 /(mmol·L^{-1})	浓度占比 /%	活度 /(mmol·L^{-1})	活度比 /%	log 活度
1	Cl^-	9.96	49.90	8.98	49.89	−2.0
2	K^+	9.96	49.90	8.98	49.89	−2.0
3	KCl(aq)	0.04	0.20	0.04	0.23	−4.4
4	H^+	1.1×10^{-4}	0.0005	1.0×10^{-4}	0.0005	−7.0
5	OH^-	1.1×10^{-4}	0.0005	1.0×10^{-4}	0.0005	−7.0
6	KOH(aq)	1.6×10^{-6}	0.000007	1.6×10^{-6}	0.000008	−8.8

续表 2-1

		50 mmol/L KCl				
序数	组分	浓度 /(mmol·L⁻¹)	浓度占比 /%	活度 /(mmol·L⁻¹)	活度占比 /%	log 活度
1	Cl⁻	49.19	49.59	40.43	49.50	−1.4
2	K⁺	49.19	49.59	40.43	49.50	−1.4
3	KCl(aq)	0.81	0.82	0.82	1.00	−3.1
4	H⁺	1.3×10^{-4}	0.0001	1.0×10^{-4}	0.0001	−7.0
5	OH⁻	1.2×10^{-4}	0.0001	9.8×10^{-5}	0.0001	−7.0
6	KOH(aq)	6.8×10^{-6}	0.000006	6.9×10^{-6}	0.000006	−8.2

		100 mmol/L KCl				
序数	组分	浓度 /(mmol·L⁻¹)	浓度占比 /%	活度 /(mmol·L⁻¹)	活度占比 /%	log 活度
1	Cl⁻	97.13	49.28	76.08	49.05	−1.1
2	K⁺	97.13	49.28	76.08	49.05	−1.1
3	KCl(aq)	2.87	1.45	2.93	1.89	−2.5
4	H⁺	1.3×10^{-4}	0.00005	9.8×10^{-5}	0.00006	−7.0
5	OH⁻	1.2×10^{-4}	0.00005	8.9×10^{-5}	0.00005	−7.0
6	KOH (aq)	1.2×10^{-5}	0.000006	1.2×10^{-5}	0.000007	−7.9

		500 mmol/L KCl				
序数	组分	浓度 /(mmol·L⁻¹)	浓度占比 /%	活度 /(mmol·L⁻¹)	活度占比 /%	log 活度
1	Cl⁻	450.41	47.39	329.55	46.15	−0.5
2	K⁺	450.41	47.39	329.55	46.15	−0.5
3	KCl(aq)	49.61	5.23	54.03	7.71	−1.3
4	H⁺	1.5×10^{-4}	0.00001	1.1×10^{-4}	0.00001	−7.0
5	OH⁻	1.1×10^{-4}	0.00001	7.9×10^{-5}	0.00001	−7.1
6	KOH (aq)	4.1×10^{-5}	0.000004	4.5×10^{-5}	0.000006	−7.3

图 2-2 为 KCl 溶液浓度与各组分活度百分比关系，图 2-2 表明随着 KCl 浓度

的增加，溶液中 K^+ 和 Cl^-（两者重合）的活度百分比降低，而 KCl(aq) 的活度百分比增加。通常空气中的氧气会溶解一部分在水中，这部分溶解氧气会对无机盐溶液中的离子形态分布有一定影响，空气中饱和溶解氧气约为 0.28 mmol/L，即 0.28 mmol/L。

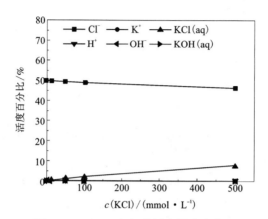

图2-2　c(KCl)与组分活度百分比关系

进一步计算了含有饱和含氧量 1/2500~3 倍的氧气的 KCl 溶液中水解平衡后的离子分布，考虑到相关数据量非常大，只展示活度百分比数据，见图2-3，由图可知，KCl 溶液中，Cl^- 和 K^+ 含量始终是相等的，水中的溶氧量对 Cl^-、K^+ 和 OH^- 的含量比例有一定影响，对 KCl(aq)、H^+、KOH(aq) 和 O_2(aq) 的含量比例影响非常小，且随着 KCl 溶液浓度的增加，水中溶氧量对其中离子含量比例的影响越来越小。在 1 mmol/L 和 10 mmol/L 浓度的 KCl 溶液中，可以看到随着水中溶氧量的增加，Cl^- 和 K^+ 比重明显减小，OH^- 含量比重增加，当 KCl 溶液浓度高于 100 mmol/L 后，可以观察到随着溶氧量的增加，各离子比例分布几乎不再发生变化。这是理论计算的结果，但结合实际情况，空气中的氧气在 KCl 溶液中的溶解量是非常小的，溶液中 OH^- 含量和 pH 不会明显改变，即空气中的氧气不会明显影响 KCl 溶液中的离子分布。

（2）浓度对 KCl 吸附的影响

图2-4 为不同浓度 KCl 溶液在碳表面的 QCM-D 测试结果，从图中可观察到加入浓度 10 mmol/L 的 KCl 溶液后，频率（f）和耗散（D）变化极小，频率仅降低 0.1 Hz，耗散增加 0.05×10^{-6}，表明几乎未发生吸附现象，由于吸附过程频率与耗散的变化非常小，浓度 10 mmol/L 的 KCl 溶液对应的频率与耗散关系中，仅观察到一个黑点，不能提供有效信息。

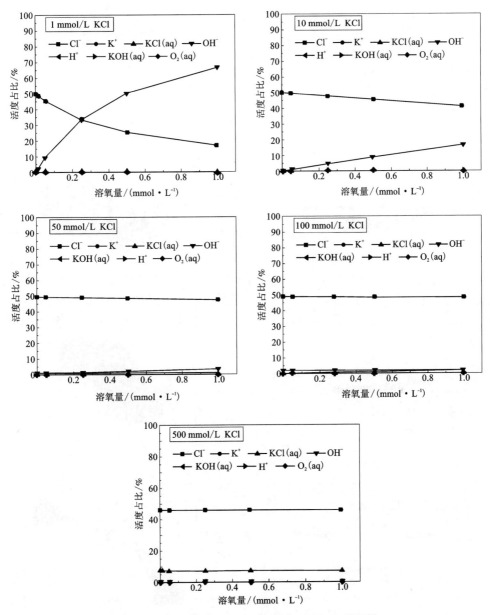

图 2-3 溶氧量对 KCl 溶液中元素形态分布的影响

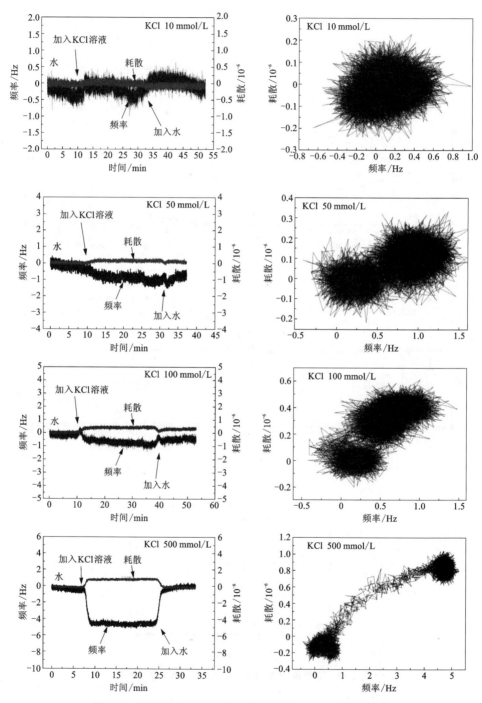

图 2-4 不同浓度 KCl 溶液在碳表面的 QCM-D 测试结果

加入浓度 50 mmol/L 的 KCl 溶液后，频率降低 0.6 Hz，耗散升高 $1.2×10^{-5}$，比 10 mmol/L 的 KCl 引起的变化幅度略大，表明吸附量增加，在通入水清洗后，频率和耗散均回到基线附近，表明吸附到碳表面的 K^+ 已完全脱附，即吸附是完全可逆的；同样，50 mmol/L KCl 溶液对应的频率与耗散关系中，由于吸附过程频率与耗散的变化非常小，不能提供有效信息。

加入浓度 100 mmol/L 的 KCl 溶液后，频率和耗散的变化明显，频率降低 0.8 Hz，耗散升高 $4×10^{-7}$，吸附量进一步增加，同样，加入水清洗后，发现 K^+ 是可以完全脱附的；浓度 100 mmol/L 的 KCl 溶液对应的频率与耗散关系中，基线产生的黑点间的间隙有所增大，表示吸附量进一步增加，但仍未观察到明显的变化曲线。

加入高浓度 500 mmol/L 的 KCl 溶液后，频率和耗散的变化非常明显，频率降低 3.4 Hz，耗散增加 $1.9×10^{-6}$，表明其吸附量已远远高于其他浓度下的情况，在加入水清洗后，频率和耗散回归至基线处，表明即使在高浓度时，其吸附仍是完全可逆的；500 mmol/L 的 KCl 溶液对应的频率与耗散关系中，由于频率与耗散变化幅度较大，可观察到明显变化曲线，其线型为上升曲线，斜率逐渐降低，即随着频率的变化，耗散的变化幅度略有降低，表明随吸附量的增加，吸附层可能变得更加密实，这可能是由于溶液中离子浓度过高引起的。

在吸附时间方面，对于不同浓度的 KCl 溶液，大部分吸附行为均在前 2 min 内完成，随着时间的推移，吸附的增加量是非常小的，脱附所需时间为 $1 \sim 1.5$ min，略小于吸附所需时间。表 2-2 为 KCl 溶液在碳表面产生吸附和脱附量数据，由表可知，随着 KCl 浓度的升高，K^+ 吸附量升高，10 mmol/L 浓度的 KCl 对应的吸附量仅为 3 ng/m²，500 mmol/L 浓度 KCl 对应的吸附量高达 41 ng/m²，并且，不同浓度 KCl 溶液的吸附均可以完全脱附，表示 KCl 的吸附是完全可逆的。

表 2-2　不同浓度 KCl 溶液在碳表面的吸附量和脱附量

KCl 浓度/($mmol \cdot L^{-1}$)	吸附量/($ng \cdot m^{-2}$)	脱附量/($ng \cdot m^{-2}$)	吸附可逆性
10	3	3	完全可逆
50	6	6	完全可逆
100	8	8	完全可逆
500	41	41	完全可逆

2.1.2 NaCl 的吸附脱附特性

（1）NaCl 溶液中元素形态分析

表2-3为不同浓度NaCl溶液中元素形态分布，由表可知，NaCl溶液与KCl溶液较为相似，理想的NaCl溶液中有7种组分，关于Na的离子或可溶性化合物有3种，包括带正电的Na^+和可溶态的NaCl（aq）和NaOH（aq）。KCl溶液浓度仅对各组分含量有影响，对组分含量的排序没有影响，按含量由高到低为Cl^-（Na^+）$\gg$NaCl（aq），H^+，$OH^-\gg$NaOH（aq），NaCl溶液中以Cl^-和Na^+为主，Cl^-和Na^+数量相等，Cl^-和Na^+可占溶液中总离子的99%以上，其次为微量的NaCl（aq）。H^+、OH^-和KOH（aq）的含量极低，约占十万分之一。随着KCl浓度的升高，溶液中不同离子组分的浓度和活度均增加，但H^+、OH^-和KOH（aq）的增加量非常低，主要增加的离子以Cl^-和K^+离子为主，其次为KCl（aq）。

表2-3 不同浓度 NaCl 溶液中元素形态分布

| \multicolumn{7}{ }{1 mmol/L NaCl} |

序数	组分	浓度 /(mmol·L^{-1})	浓度占比 /%	活度 /(mmol·L^{-1})	活度占比 /%	log 活度
1	Cl^-	1.00	49.98	0.96	49.98	-3.0
2	Na^+	1.00	49.98	0.96	49.98	-3.0
3	NaCl(aq)	4.7×10^{-4}	0.023	4.7×10^{-4}	0.023	-6.3
4	H^+	9.6×10^{-5}	0.005	9.3×10^{-5}	0.005	-7.0
5	OH^-	9.6×10^{-5}	0.005	9.3×10^{-5}	0.005	-7.0
6	NaOH(aq)	1.1×10^{-7}	0.000005	1.1×10^{-7}	0.000005	-10.0

序数	组分	浓度 /(mmol·L^{-1})	浓度占比 /%	活度 /(mmol·L^{-1})	活度占比 /%	log 活度
		\multicolumn{5}{ }{10 mmol/L NaCl}					
1	Cl^-	9.96	49.90	8.99	49.88	-2.0
2	Na^+	9.96	49.90	8.99	49.88	-2.0
3	NaCl(aq)	0.04	0.21	0.04	0.23	-4.4
4	H^+	1.0×10^{-4}	0.0005	9.3×10^{-5}	0.0005	-7.0
5	OH^-	1.0×10^{-4}	0.0005	9.3×10^{-5}	0.0005	-7.0
6	NaOH(aq)	1.0×10^{-6}	0.000005	1.0×10^{-5}	0.000005	-9.0

续表 2-3

		50 mmol/L NaCl				
序数	组分	浓度 /(mmol·L)$^{-1}$	浓度占比 /%	活度 /(mmol·L^{-1})	活度占比 /%	log 活度
1	Cl$^-$	49.17	49.58	40.44	49.49	-1.4
2	Na$^+$	49.17	49.58	40.44	49.49	-1.4
3	NaCl(aq)	0.83	0.84	0.84	1.03	-3.1
4	H$^+$	1.1×10^{-4}	0.0001	9.5×10^{-5}	0.0001	-7.0
5	OH$^-$	1.1×10^{-4}	0.0001	9.1×10^{-5}	0.0001	-7.0
6	NaOH(aq)	4.5×10^{-6}	0.000004	4.6×10^{-6}	0.000005	-8.3

		100 mmol/L NaCl				
序数	组分	浓度 /(mmol·L^{-1})	浓度占比 /%	活度 /(mmol·L^{-1})	活度占比 /%	log 活度
1	Cl$^-$	97.10	49.27	76.05	49.04	-1.1
2	Na$^+$	97.10	49.27	76.05	49.04	-1.1
3	NaCl(aq)	2.90	1.47	2.96	1.91	-2.5
4	H$^+$	1.2×10^{-4}	0.00006	9.6×10^{-5}	0.00006	-7.0
5	OH$^-$	1.1×10^{-4}	0.00005	9.0×10^{-5}	0.00006	-7.0
6	NaOH(aq)	8.3×10^{-6}	0.000004	8.5×10^{-6}	0.000005	-8.1

		500 mmol/L NaCl				
序数	组分	浓度 /(mmol·L^{-1})	浓度占比 /%	活度 /(mmol·L^{-1})	活度占比 /%	log 活度
1	Cl$^-$	449.95	47.37	329.21	46.11	-0.5
2	Na$^+$	449.95	47.37	329.21	46.11	-0.5
3	NaCl(aq)	50.05	5.27	55.52	7.78	-1.3
4	H$^+$	1.4×10^{-4}	0.00002	1.0×10^{-4}	0.00002	-7.0
5	OH$^-$	1.1×10^{-4}	0.00001	8.2×10^{-5}	0.00001	-7.1
6	NaOH(aq)	3.0×10^{-5}	0.000003	3.4×10^{-5}	0.000005	-7.5

图 2-5 为 NaCl 溶液浓度与组分活度百分比关系,由图可知,随着 NaCl 浓度从 10 mmol/L 增加到 500 mmol/L,溶液中组分含量的排序不变,Na$^+$ 和 Cl$^-$ 的含量始终远高于其他组分的含量,但随 NaCl 浓度的升高,溶液中 Na$^+$ 和 Cl$^-$(两者重合)的比例有所降低,KCl(aq) 的比例增加。

进一步计算了含有 1/2500~3 倍饱和含氧量氧气的 NaCl 溶液中水解平衡后的离子分布,考虑到相关数据量非常大,只展示活度百分比数据,如图 2-6 所示,由图可知，NaCl 溶液中，Cl^- 和 Na^+ 含量始终是相等的，水中的溶氧量对 Cl^-、Na^+ 和 OH^- 的比例有一定影响，对 NaCl(aq)、H^+、NaOH(aq) 和 O_2(aq) 的比例影响非常小，且随着 NaCl 溶液浓度的增加，水中溶氧量对其中离子比例的影响越来越小。在 1 mmol/L 和 10 mmol/L 浓度的 NaCl 溶液中，可以看到随着水中溶氧量的增加，Cl^- 和 Na^+ 比重明显减小，OH^- 含量比重增加，当 NaCl 溶液浓度高于 100 mmol/L 后，可以观察到随着溶氧量的增加，各离子比例分布几乎不再发生明显变化。这是理论计算的结果，但结合实际情况，空气中的氧气在 NaCl 溶液中的溶解量是非常小的，溶液中 OH^- 含量和 pH 不会明显改变，即空气中的氧气的溶解量不足以影响 NaCl 溶液中的离子分布。

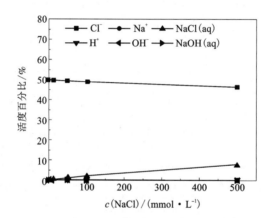

图 2-5　c(NaCl) 与组分活度百分比关系

(2)浓度对 NaCl 吸附的影响

图 2-7 为不同浓度 NaCl 溶液在碳表面的 QCM-D 结果，由图 2-7 可知，同为一价离子，Na^+ 引起的频率(f)和耗散(D)的变化略高于 K^+，其吸附曲线的规律性也较强。加入浓度 10 mmol/L 的 NaCl 溶液后，频率仅降低 0.35 Hz，耗散增加 1.8×10^{-7}，频率和耗散变化非常小，表明产生的吸附量很低，用水清洗后，频率和耗散均可回归至基线，表明吸附的物质已全部脱附；浓度 10 mmol/L 的 NaCl 溶液对应的频率与耗散关系中，由于频率与耗散的变化幅度较小，未观察到明显的变化曲线。

加入浓度 50 mmol/L 的 NaCl 溶液后，频率降低 1.3 Hz，耗散升高 8×10^{-7}，比浓度 10 mmol/L 的 NaCl 引起的变化幅度大，表明吸附量增加，用水清洗后，频率和耗散均可回归至基线，表明吸附的物质已全部脱附；浓度 50 mmol/L 的 NaCl 溶液对应的频率与耗散关系中，可观察到两黑点间的频率和耗散为直线关系，即随着频率的增加，耗散均匀增加，表明随着吸附量的增加，吸附层构型(密实程度)没有明显变化。

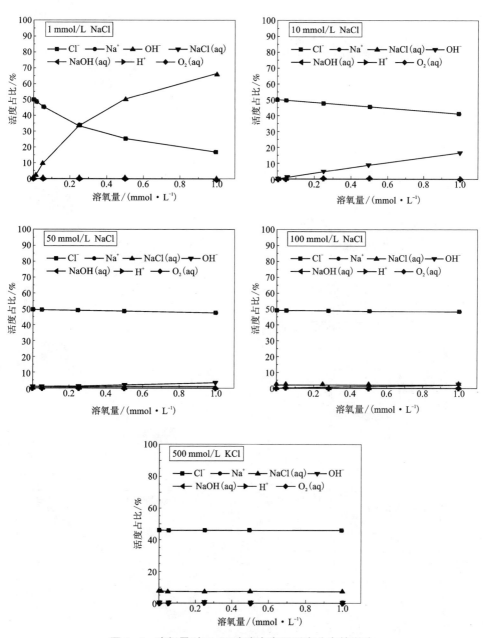

图 2-6 溶氧量对 NaCl 溶液中离子形态分布的影响

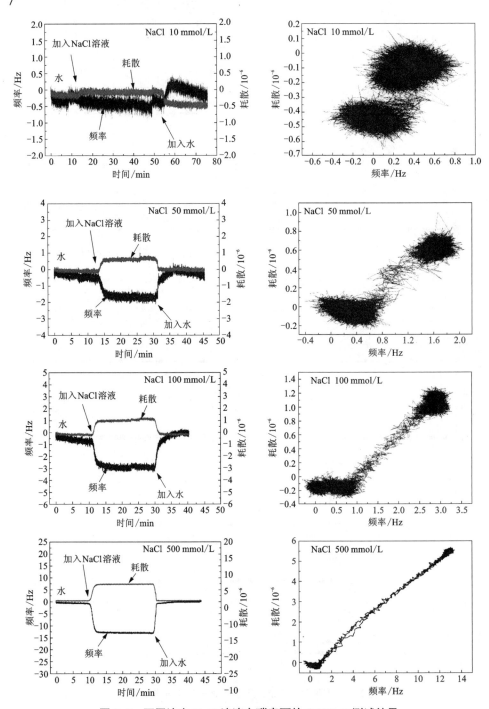

图 2-7 不同浓度 NaCl 溶液在碳表面的 QCM-D 测试结果

加入浓度 100 mmol/L 的 NaCl 溶液后，频率降低 2.2 Hz，耗散升高 1.3×10^{-6}，说明吸附行为发生，用水清洗后，频率和耗散均可回归至基线，表明吸附的物质已全部脱附；100 mmol/L 浓度 NaCl 溶液对应的频率与耗散关系中，频率与耗散呈现直线关系，表明随着吸附量的增加，吸附层的构型和密实程度没有明显变化。

加入 500 mmol/L 的高浓度 NaCl 溶液后，频率和耗散的变化非常明显，频率降低 11.9 Hz，耗散增加 5.7×10^{-6}，表明其吸附量已远远高于其他浓度下的情况，同样，用水清洗后，频率和耗散均可回归至基线，表明吸附的物质已全部脱附，在 500 mmol/L 的高浓度情况下，可以观察到频率与耗散的近似线性关系，略有弯曲，表明随着 NaCl 产生的吸附量的增加，吸附层可能变得更加密实一些。

在吸附时间方面，对于不同浓度的 NaCl 溶液，大部分吸附行为均在前 2 min 内完成，随着时间的推移，吸附量的增加非常小，脱附所需时间为 1~1.5 min，略小于吸附所需时间。表 2-4 为 NaCl 溶液在碳表面产生的吸附和脱附量数据，由表可知，随着 NaCl 浓度的升高，产生的吸附量升高，10 mmol/L 浓度的 NaCl 对应的吸附量仅为 7 ng/m²，500 mmol/L 浓度 NaCl 对应的吸附量高达 220 ng/m²，不同浓度 NaCl 溶液产生的吸附均可以完全脱附，表示 NaCl 溶液产生的吸附是完全可逆的。

表 2-4　不同浓度 NaCl 溶液在碳表面的吸附量和脱附量

NaCl 浓度/(mmol · L⁻¹)	吸附量/(ng · m⁻²)	脱附量/(ng · m⁻²)	吸附可逆性
10	7	7	完全可逆
50	22	22	完全可逆
100	40	40	完全可逆
500	117	117	完全可逆

2.2　二价无机盐在碳表面的吸附脱附特性

2.2.1　MgCl₂ 的吸附脱附特性

（1）MgCl₂ 溶液中元素形态分析

表 2-5 为不同浓度 MgCl₂ 溶液中元素形态分布，由表可知，在理想的 MgCl₂ 溶液中，有 7 种组分，关于 Mg 的离子有三种，包括 Mg^{2+}、$MgCl^+$ 和 $MgOH^+$，均带

正电荷，在 $MgCl_2$ 溶液浓度为 1 mmol/L 时，体系中各组分含量按活度由高到低为 $Cl^- > Mg^{2+} \gg MgCl^+ \gg H^+ > OH^- > MgOH^+$，在 $MgCl_2$ 溶液浓度为 10 mmol/L 以上时，体系中组分按活度由高到低为 $Cl^- > Mg^{2+} > MgCl^+ \gg H^+ > MgOH^+ > OH^-$。总体而言，$MgCl_2$ 溶液中以 Cl^- 为主，占总组分活度的 70% 以上，其次为 Mg^{2+}，占总组分活度的 15%~30%，$MgCl^+$ 占总组分活度的 0.2%~7%，H^+、OH^- 和 $MgOH^+$ 的含量极低，约占总组分活度的万分之一。在低浓度 $MgCl_2$ 中，Cl^- 和 Mg^{2+} 可占到溶液中总离子活度的 99% 以上。随着 $MgCl_2$ 浓度的升高，溶液中不同离子组分的总浓度和总活度均增加，但 H^+、OH^- 和 $MgOH^+$ 的增加量非常低，主要增加的离子以 Cl^- 和 Mg^{2+} 离子为主，其次为 $MgCl^+$。

表 2-5　不同浓度 $MgCl_2$ 溶液中元素形态分布

1 mmol/L $MgCl_2$					
序数	组分	浓度 /(mmol·L⁻¹)	浓度占比 /%	活度 /(mmol·L⁻¹)	活度占比 /%	log 活度
1	Cl^-	1.99	66.59	1.88	70.43	-2.7
2	Mg^{2+}	0.99	33.19	0.78	29.35	-3.1
3	$MgCl^+$	6.1×10^{-3}	0.21	5.8×10^{-3}	0.22	-5.2
4	H^+	1.1×10^{-4}	0.004	1.1×10^{-4}	0.004	-7.0
5	OH^-	8.7×10^{-5}	0.003	8.2×10^{-5}	0.003	-7.1
6	$MgOH^+$	2.5×10^{-5}	0.0008	2.4×10^{-5}	0.0009	-7.6

10 mmol/L $MgCl_2$					
序数	组分	浓度/ /(mmol·L⁻¹)	浓度占比 /%	活度 /(mmol·L⁻¹)	活度占比 /%	log 活度
1	Cl^-	19.61	66.23	16.70	75.62	-1.8
2	Mg^{2+}	9.61	32.45	5.05	22.87	-2.3
3	$MgCl^+$	0.39	1.32	0.33	1.50	-3.5
4	H^+	1.9×10^{-4}	0.0006	1.6×10^{-4}	0.0007	-6.8
5	$MgOH^+$	1.2×10^{-4}	0.0004	1.0×10^{-4}	0.0005	-7.0
6	OH^-	6.4×10^{-5}	0.0002	5.5×10^{-5}	0.0002	-7.3

续表 2-5

		50 mmol/L MgCl₂				
序数	组分	浓度 /(mmol·L⁻¹)	浓度占比 /%	活度 /(mmol·L⁻¹)	活度占比 /%	log 活度
1	Cl^-	94.38	65.37	72.10	78.80	−1.1
2	Mg^{2+}	44.38	30.74	15.11	16.51	−1.8
3	$MgCl^+$	5.62	3.89	4.29	4.69	−2.4
4	H^+	$3.1×10^{-4}$	0.0002	$2.4×10^{-4}$	0.0003	−6.6
5	$MgOH^+$	$2.7×10^{-4}$	0.0002	$2.0×10^{-4}$	0.0002	−6.7
6	OH^-	$4.7×10^{-5}$	0.00003	$3.6×10^{-5}$	0.00004	−7.4

		100 mmol/L MgCl₂				
序数	组分	浓度 /(mmol·L⁻¹)	浓度占比 /%	活度 /(mmol·L⁻¹)	活度占比 /%	log 活度
1	Cl^-	182.51	64.60	134.50	78.32	−0.9
2	Mg^{2+}	82.51	29.21	24.34	14.17	−1.6
3	$MgCl^+$	17.49	6.19	12.89	7.51	−1.9
4	H^+	$4.0×10^{-4}$	0.0001	$2.9×10^{-4}$	0.0002	−6.5
5	$MgOH^+$	$3.6×10^{-4}$	0.0001	$2.6×10^{-4}$	0.0002	−6.6
6	OH^-	$4.0×10^{-5}$	0.00001	$2.9×10^{-5}$	0.00002	−7.5

图 2-8 为 MgCl₂ 溶液浓度与组分活度百分比关系，由图可知，随着 MgCl₂ 浓度从 1 mmol/L 增加到 100 mmol/L，溶液中主要组分含量的排序不变，Cl^- 的含量始终最高，其次为 Mg^{2+}，但随 MgCl₂ 浓度的升高，溶液中 Cl^- 和 $MgCl^+$ 占总组分活度的比例在增加，而 Mg^{2+} 的比例逐渐降低，$MgCl^+$ 含量的增加是由式(2-2)和式(2-3)的水解反应导致的：

$$Mg^{2+}+H_2O \Longrightarrow MgOH^++H^+ \quad k=-11.45 \quad (2-2)$$

$$Mg^{2+}+Cl^- \Longrightarrow MgCl^+ \quad k=0.42 \quad (2-3)$$

进一步计算了存在水溶氧条件下，MgCl₂ 溶液中水解平衡后的离子分布，如图 2-9 所示，由图可知，水中的溶氧量对 MgCl₂ 溶液中 Cl^-、Mg^{2+}、OH^- 和 $MgOH^+$ 的比例有一定影响，对 $MgCl^+$、H^+ 和 $O_2(aq)$ 的比例影响非常小。随着 MgCl₂ 溶液浓度的增加，水中溶氧量对其中离子活度比例的影响越来越小。在 1 mmol/L

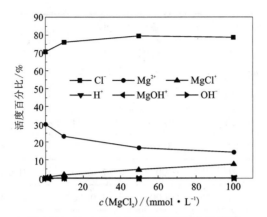

图 2-8 $c(MgCl_2)$ 与组分活度百分比关系

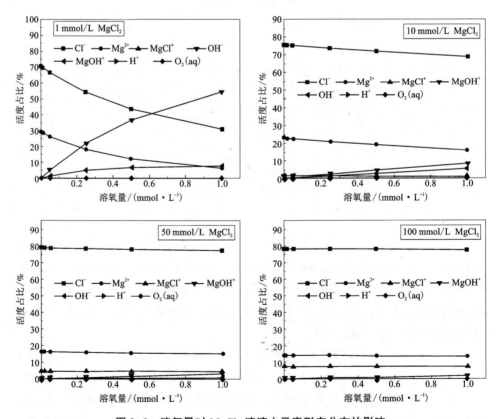

图 2-9 溶氧量对 $MgCl_2$ 溶液中元素形态分布的影响

和 10 mmol/L 浓度的 MgCl₂ 溶液中，可以看到随着水中溶氧量的增加，Mg²⁺ 占比明显减小，MgOH⁺ 离子对和 OH⁻ 含量占比增加，MgOH⁺ 离子对的增加是由反应 (2-2)导致的，当水中 OH⁻ 含量增加，会使反应向右进行，使 Mg²⁺ 减少，MgOH⁺ 增加。当 MgCl₂ 溶液浓度高于 100 mmol/L 后，可以观察到随着溶氧量的增加，各离子比例变化幅度非常小。

（2）浓度对 MgCl₂ 吸附的影响

图 2-10 为不同浓度 MgCl₂ 溶液在碳表面的 QCM-D 结果，由图 2-10 可知，

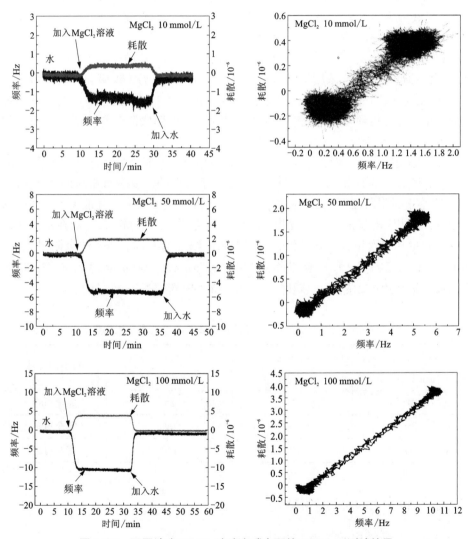

图 2-10　不同浓度 MgCl₂ 溶液在碳表面的 QCM-D 测试结果

加入浓度 10 mmol/L 的 $MgCl_2$ 溶液后，频率与耗散变化明显，频率降低 1.4 Hz，耗散增加 $5.5×10^{-7}$，表明 $MgCl_2$ 溶液在碳传感器表面发生了明显的吸附行为，用水清洗后，频率和耗散均可回归至基线，表明吸附的物质已全部脱附；10 mmol/L 浓度 $MgCl_2$ 溶液对应的频率与耗散关系中，可观察到频率与耗散为近似直线关系，说明吸附过程中吸附层密实程度没有发生明显变化。

加入浓度 50 mmol/L 的 $MgCl_2$ 溶液后，频率降低 5.2 Hz，耗散升高 $5×10^{-6}$，比 10 mmol/L 的 $MgCl_2$ 引起的变化幅度明显增大，表明吸附量增加，用水清洗后，频率和耗散均可回归至基线，表明吸附的物质已全部脱附；50 mmol/L 浓度的 $MgCl_2$ 溶液对应的频率与耗散关系中，可观察到频率与耗散为直线关系，说明吸附过程中吸附层密实程度没有发生明显变化。

在 $MgCl_2$ 浓度为 100 mmol/L 时，频率降低 10 Hz，耗散升高 $4×10^{-6}$，表明其吸附量已远远高于其他浓度下的情况，同样，用水清洗后，频率和耗散均可回归至基线，表明吸附的物质已全部脱附；100 mmol/L 的 $MgCl_2$ 溶液对应的频率与耗散关系中，可观察到频率与耗散关系为直线关系，说明吸附过程中吸附层密实程度没有发生明显变化。

在吸附时间方面，对于不同浓度的 $MgCl_2$ 溶液，大部分吸附行为均在前 2 min 内完成，随着时间的推移，吸附量的增加是非常小的，脱附所需时间为 1~1.5 min，略小于吸附所需时间，不同浓度 $MgCl_2$ 溶液产生的频率与耗散关系曲线的斜率相近，表明吸附层的密实程度相近。表 2-6 为不同浓度 $MgCl_2$ 溶液在碳表面产生的吸附量和脱附量，由表可知，随着 $MgCl_2$ 浓度的升高，产生的吸附量升高，10 mmol/L 浓度的 $MgCl_2$ 对应的吸附量仅为 25 ng/m^2，100 mmol/L 浓度 $MgCl_2$ 对应的吸附量高达 172 ng/m^2，同样，$MgCl_2$ 溶液的吸附是完全可逆的。

表 2-6 不同浓度 $MgCl_2$ 溶液在碳表面的吸附量和脱附量

$c(MgCl_2)$ /($mmol \cdot L^{-1}$)	吸附量 /($ng \cdot m^{-2}$)	脱附量 /($ng \cdot m^{-2}$)	吸附可逆性
10	25	25	完全可逆
50	97	97	完全可逆
100	172	170	完全可逆

2.2.2 $CaCl_2$ 的吸附脱附特性

（1）$CaCl_2$ 溶液中元素形态分析

表 2-7 为不同浓度 $CaCl_2$ 溶液中元素形态分布，由表可知，在理想的 $CaCl_2$

溶液中，有 7 种组分，Ca 的离子有三种，包括 Ca^{2+}、$CaCl^+$ 和 $CaOH^+$，均带正电荷。不同浓度 $CaCl_2$ 溶液中，各组分按活度由高到低为 $Cl^- > Ca^{2+} > CaCl^+ \gg H^+ > OH^- > CaOH^+$。总体而言，$CaCl_2$ 溶液中以 Cl^- 为主，占总组分活度的 70% 以上，其次为 Ca^{2+}，占总组分活度的 15%~30%，$CaCl^+$ 占总组分活度的 0.2%~7%，H^+、OH^- 和 $CaOH^+$ 的含量极低，占总组分活度的千分之一~万分之一。在低浓度 $CaCl_2$ 中，Cl^- 和 Ca^{2+} 可占溶液中总离子活度的 99% 以上。随着 $CaCl_2$ 浓度的升高，溶液中不同离子组分的总浓度和总活度均增加，但 H^+、OH^- 和 $CaOH^+$ 的增加量非常低，主要增加的离子以 Cl^- 和 Ca^{2+} 离子为主，其次为 $CaCl^+$。

表 2-7　不同浓度 $CaCl_2$ 溶液中元素形态分布

序数	组分	浓度 /($mmol \cdot L^{-1}$)	浓度占比 /%	活度 /($mmol \cdot L^{-1}$)	活度占比 /%	log 活度
		1 mmol/L CaCl₂				
1	Cl^-	2.00	66.62	1.88	70.46	-2.7
2	Ca^{2+}	1.00	33.24	0.78	29.39	-3.1
3	$CaCl^+$	0.004	0.13	0.00	0.14	-5.4
4	H^+	9.9×10^{-5}	0.003	9.4×10^{-5}	0.004	-7.0
5	OH^-	9.8×10^{-5}	0.003	9.2×10^{-5}	0.003	-7.0
6	$CaOH^+$	1.5×10^{-6}	0.00005	1.4×10^{-6}	0.00005	-8.9
		10 mmol/L CaCl₂				
序数	组分	浓度 /($mmol \cdot L^{-1}$)	浓度占比 /%	活度 /($mmol \cdot L^{-1}$)	活度占比 /%	log 活度
1	Cl^-	19.75	66.38	16.81	75.94	-1.8
2	Ca^{2+}	9.75	32.77	5.11	23.09	-2.3
3	$CaCl^+$	0.25	0.84	0.21	0.96	-3.7
4	H^+	1.1×10^{-4}	0.0004	9.8×10^{-5}	0.0004	-7.0
5	OH^-	1.0×10^{-4}	0.0004	8.9×10^{-5}	0.0004	-7.1
6	$CaOH^+$	1.0×10^{-5}	0.00003	8.8×10^{-6}	0.00004	-8.1

续表 2-7

50 mmol/L CaCl₂

序数	组分	浓度 /(mmol·L⁻¹)	浓度占比 /%	活度 /(mmol·L⁻¹)	活度占比 /%	log 活度
1	Cl⁻	96.26	65.82	73.40	79.88	−1.1
2	Ca²⁺	46.26	31.63	15.64	17.02	−1.8
3	CaCl⁺	3.74	2.56	2.85	3.10	−2.5
4	H⁺	1.4×10^{-4}	0.00010	1.1×10^{-4}	0.00012	−7.0
5	OH⁻	1.1×10^{-4}	0.00007	8.1×10^{-5}	0.00009	−7.1
6	CaOH⁺	3.3×10^{-5}	0.00002	2.5×10^{-5}	0.00003	−7.6

100 mmol/L CaCl₂

序数	组分	浓度 /(mmol·L⁻¹)	浓度占比 /%	活度 /(mmol·L⁻¹)	活度占比 /%	log 活度
1	Cl⁻	187.95	65.27	138.31	79.97	−0.9
2	Ca²⁺	87.95	30.54	25.79	14.91	−1.6
3	CaCl⁺	12.04	4.18	8.86	5.12	−2.1
4	H⁺	1.5×10^{-4}	0.00005	1.1×10^{-4}	0.00007	−6.9
5	OH⁻	1.0×10^{-4}	0.00004	7.6×10^{-5}	0.00004	−7.1
6	CaOH⁺	5.2×10^{-5}	0.00002	3.8×10^{-5}	0.00002	−7.4

图 2-11 为 CaCl₂ 溶液浓度与组分活度百分比关系，由图可知，随着 CaCl₂ 浓度从 1 mmol/L 增加到 100 mmol/L，溶液中主要组分含量的排序不变，Cl⁻ 的含量始终最高，其次为 Ca²⁺，但随 CaCl₂ 浓度的升高，溶液中 Cl⁻ 和 CaCl⁺ 占总组分活度的比例不断增加，而 Ca²⁺ 占总组分活度的比例逐渐降低。

进一步计算了存在水溶氧条件下，CaCl₂ 溶液中水解平衡后的离子分布，如图 2-12 所示，由图可知，水中的溶氧量对 CaCl₂ 溶液中 Cl⁻、Ca²⁺、OH⁻ 的比例有一定影响，对和 CaOH⁺、CaCl⁺、H⁺、和 O₂(aq) 的比例影响非常小。随着 CaCl₂ 溶液浓度的增加，水中溶氧量对其中离子活度比例的影响越来越小。在 1 mmol/L 和 10 mmol/L 浓度的 CaCl₂ 溶液中，可以看到随着水中溶氧量的增加，Ca²⁺ 比重明显减小，OH⁻ 含量比重增加，与 MgCl₂ 溶液不同的是，没有明显观察到 CaOH⁺ 浓度的增加，当 $c(\text{CaCl}_2)$ 高于 100 mmol/L 后，可以观察到随着溶氧量的增加，各离子比例变化幅度非常小，CaCl₂ 溶液中主要存在的水解反应如式(2-4)和式(2-5)所示：

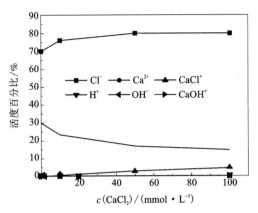

图 2-11　$c(CaCl_2)$ 与组分活度百分比关系

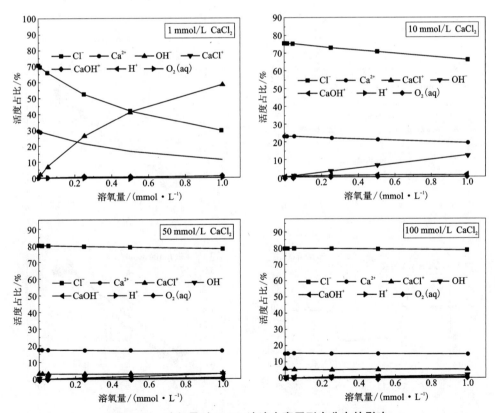

图 2-12　溶氧量对 CaCl₂ 溶液中离子形态分布的影响

$$\text{Ca}^{2+}+\text{H}_2\text{O} \Longrightarrow \text{CaOH}^+ + \text{H}^+ \quad k=-12.07 \tag{2-4}$$

$$\text{Ca}^{2+}+\text{Cl}^- \Longrightarrow \text{CaCl}^+ \quad k=0.42 \tag{2-5}$$

（2）浓度对 $CaCl_2$ 吸附的影响

图 2-13 为不同浓度 $CaCl_2$ 溶液在碳表面的 QCM-D 吸附结果，由图 2-13 可知，加入浓度 10 mmol/L 的 $CaCl_2$ 后，频率与耗散变化明显，频率降低 0.9 Hz，耗散增加 4.5×10^{-7}，表明 10 mmol/L 溶液在碳表面发生了明显的吸附行为，用水清洗后，频率和耗散均可回归至基线，表明吸附的物质已全部脱附；10 mmol/L 浓

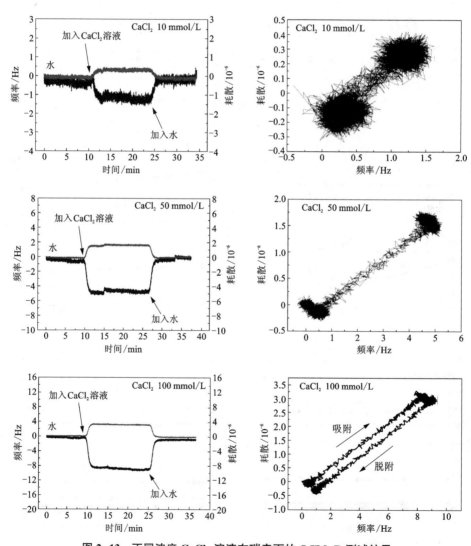

图 2-13　不同浓度 $CaCl_2$ 溶液在碳表面的 QCM-D 测试结果

度 $CaCl_2$ 溶液对应的频率与耗散关系中，可观察到频率与耗散为近似直线关系，说明随着频率的增加，耗散均匀增加，吸附层构型和密实程度没有发生明显变化。

在 $CaCl_2$ 溶液浓度为 50 mmol/L 时，频率降低 4.1 Hz，耗散升高 $1.8×10^{-6}$，与 10 mmol/L $CaCl_2$ 引起的变化幅度相比明显增大，表明吸附量增加，用水清洗后，频率和耗散均可回归至基线，表明吸附的物质已全部脱附；从 50 mmol/L 浓度 $CaCl_2$ 溶液对应的频率与耗散关系中，可以观察到频率与耗散呈现出更为明显的线性关系，表明吸附过程中吸附层密实程度没有发生变化。

在 $CaCl_2$ 浓度升高至 100 mmol/L 时，频率降低 8 Hz，耗散升高 $3.2×10^{-6}$，产生的吸附量明显高于其他浓度下的情况，用水清洗后，频率和耗散离基线有一点点距离，表明可能有少量物质残余在了碳表面；100 mmol/L $CaCl_2$ 溶液对应的频率与耗散关系中，观察到 2 条不重合直线，由于频率与耗散的变化关系仅发生于吸附或脱附过程中，因此这两条直线分别属于吸附和脱附过程，由图可知，吸附和脱附过程中，均为直线，即吸附层的密实程度没有发生明显变化，吸附过程，物质是一层一层均匀吸附至传感器表面，脱附过程也是一层一层均匀脱附的，而直线不完全重合，表示吸附过程的频率和耗散的数值变化幅度与脱附过程的频率和耗散变化幅度不同，说明有一部分物质残留在了传感器表面，没有完全脱附。

在吸附时间方面，对于不同浓度的 $CaCl_2$ 溶液，大部分吸附行为均在前 2 min 内完成，随着时间的推移，吸附量的增加是非常小的，脱附所需时间为 $1～1.5$ min，略小于吸附所需时间，不同浓度 $CaCl_2$ 下的频率与耗散关系曲线的斜率相近，表明吸附物的密实程度相近。表 2-8 为 $CaCl_2$ 溶液产生的吸附和脱附量数据，由表可知，随着 $CaCl_2$ 浓度的升高，产生的吸附量升高，10 mmol/L 浓度的 $CaCl_2$ 对应的吸附量仅为 18 ng/m²，100 mmol/L 浓度的 $CaCl_2$ 对应的吸附量高达 160 ng/m²。10 mmol/L 和 50 mmol/L $CaCl_2$ 溶液吸附后可以完全脱附，即吸附是完全可逆的，100 mmol/L $CaCl_2$ 溶液脱附后，有一定残留，但残留量极小，可认为完全可逆。

表 2-8　$CaCl_2$ 溶液产生的吸附量和脱附量

$CaCl_2$ 浓度/(mmol·L⁻¹)	吸附量/(ng·m⁻²)	脱附量/(ng·m⁻²)	吸附可逆性
10	18	18	完全可逆
50	77	77	完全可逆
100	160	157	完全可逆

2.3 三价无机盐在碳表面的吸附脱附特性

2.3.1 AlCl₃ 的吸附脱附特性

（1）AlCl₃ 溶液中元素形态分析

表 2-9 为不同浓度 AlCl₃ 溶液中元素形态分布，由表可知，Al 元素在水中的形态是非常复杂的，存在多种铝羟基络合物，理想 AlCl₃ 溶液中有 11 种组分，关于 Al 的离子或可溶性化合物有 7 种，包括单核组分 $AlOH^{2+}$、$Al(OH)_2^+$ 和通过单核组分的羟基桥联形成的多核组分 $Al_2(OH)_2^{4+}$、$Al_3(OH)_4^{5+}$，以及可溶性氢氧化铝 $Al(OH)_3(aq)$ 和其羟基络合物 $Al(OH)_4^-$。不同浓度 AlCl₃ 溶液中，Cl^- 含量均为最高（80%以上），远高于其他组分，其次为 Al^{3+} 和 H^+，随着 AlCl₃ 浓度的升高，溶液中不同离子组分的总浓度和总活度变化不同，但主要增加的离子以 Cl^- 和 Al^{3+} 离子为主，$Al(OH)_3(aq)$ 和 $Al(OH)_4^-$ 的量却在减少，这说明 AlCl₃ 溶液的溶度越低，越容易存在 $Al(OH)_3(aq)$ 和 $Al(OH)_4^-$，这可以解释 QCM-D 试验结果中，低浓度 AlCl₃ 溶液存在刚性吸附层，且吸附不可逆，高浓度 AlCl₃ 溶液吸附可逆。

表 2-9　不同浓度 AlCl₃ 溶液中元素形态分布

		1 mmol/L AlCl₃				
序数	组分	浓度 /(mmol·L⁻¹)	浓度占比 /%	活度 /(mmol·L⁻¹)	活度占比 /%	log 活度
1	Cl^-	3.00	73.53	2.77	82.80	−2.6
2	Al^{3+}	0.92	22.56	0.44	13.27	−3.4
3	H^+	0.08	2.02	0.08	2.27	−4.1
4	$AlOH^{2+}$	0.07	1.75	0.05	1.54	−4.3
5	$Al(OH)_2^+$	3.0×10^{-3}	0.07	2.8×10^{-3}	0.08	−5.6
6	$Al_2(OH)_2^{4+}$	2.1×10^{-3}	0.05	5.6×10^{-4}	0.02	−6.3
7	$AlCl^{2+}$	6.9×10^{-4}	0.02	5.0×10^{-4}	0.01	−6.3
8	$Al_3(OH)_4^{5+}$	1.8×10^{-4}	0.004	2.3×10^{-5}	0.0007	−7.6
9	$Al(OH)_3(aq)$	1.3×10^{-5}	0.0003	1.3×10^{-5}	0.0004	−7.9
10	OH^-	1.2×10^{-7}	0.000003	1.1×10^{-7}	0.000003	−9.9
11	$Al(OH)_4^-$	8.8×10^{-8}	0.000002	8.1×10^{-8}	0.000002	−10.1

续表 2-9

		10 mmol/L AlCl$_3$				
序数	组分	浓度 /(mmol·L^{-1})	浓度占比 /%	活度 /(mmol·L^{-1})	活度占比 /%	log 活度
1	Cl$^-$	29.97	74.61	24.31	93.25	−1.6
2	Al^{3+}	9.74	24.24	1.48	5.69	−2.8
3	H$^+$	0.24	0.59	0.19	0.73	−3.7
4	AlOH^{2+}	0.16	0.39	0.07	0.26	−4.2
5	AlCl^{2+}	0.03	0.08	0.01	0.06	−4.8
6	Al(OH)$_2^+$	1.8×10^{-3}	0.005	1.5×10^{-3}	0.006	−5.8
7	Al2(OH)$_2^{4+}$	0.03	0.07	1.0×10^{-3}	0.004	−6.0
8	Al3(OH)$_4^{5+}$	4.0×10^{-3}	0.01	2.2×10^{-5}	0.00008	−7.7
9	Al(OH)$_3$(aq)	2.7×10^{-6}	0.000007	2.7×10^{-6}	0.00001	−8.6
10	OH$^-$	5.6×10^{-8}	1.4×10^{-7}	4.5×10^{-8}	1.7×10^{-7}	−10.3
11	Al(OH)$_4^-$	8.4×10^{-8}	2.1×10^{-8}	6.8×10^{-9}	2.6×10^{-8}	−11.2

		50 mmol/L AlCl$_3$				
序数	组分	浓度 /(mmol·L^{-1})	浓度占比 /%	活度 /(mmol·L^{-1})	活度占比 /%	log 活度
1	Cl$^-$	149.53	74.79	109.76	96.79	−1.0
2	Al^{3+}	49.00	24.51	3.03	2.67	−2.5
3	H$^+$	0.56	0.28	0.41	0.36	−3.4
4	AlCl^{2+}	0.47	0.23	0.14	0.12	−3.9
5	AlOH^{2+}	0.22	0.11	0.07	0.06	−4.2
6	Al$_2$(OH)$_2^{4+}$	0.13	0.06	9.0E×10^{-4}	0.0008	−6.0
7	Al(OH)$_2^+$	8.9×10^{-4}	0.0004	6.5×10^{-4}	0.0006	−6.2
8	Al$_3$(OH)$_4^{5+}$	0.02	0.01	8.6×10^{-6}	0.000008	−8.1
9	Al(OH)$_3$(aq)	5.1×10^{-7}	2.6×10^{-7}	5.5×10^{-7}	4.9×10^{-7}	−9.3
10	OH$^-$	2.9×10-8	1.4×10^{-8}	2.1×10^{-8}	1.9×10^{-8}	−10.7
11	Al(OH)$_4^-$	8.8×10^{-10}	4.4×10^{-10}	6.5×10^{-10}	5.7×10^{-10}	−12.2

续表 2-9

序数	组分	浓度 /(mmol·L^{-1})	浓度占比 /%	活度 /(mmol·L^{-1})	活度占比 /%	log 活度
			100 mmol/L AlCl$_3$			
1	Cl$^-$	298.06	74.77	220.50	96.60	-0.7
2	Al^{3+}	97.25	24.39	6.45	2.83	-2.2
3	H$^+$	0.85	0.21	0.63	0.27	-3.2
4	AlCl^{2+}	1.94	0.49	0.58	0.25	-3.2
5	AlOH^{2+}	0.30	0.08	0.09	0.04	-4.0
6	Al$_2$(OH)$_2^{4+}$	0.22	0.05	1.7×10^{-3}	0.0008	-5.8
7	Al(OH)$_2^+$	8.0×10^{-4}	0.0002	5.9×10^{-4}	0.0003	-6.2
8	Al$_3$(OH)$_4^{5+}$	0.03	0.007	1.5×10^{-5}	0.000007	-7.8
9	Al(OH)$_3$(aq)	2.8×10^{-7}	7.1×10^{-8}	3.2×10^{-7}	1.4×10^{-7}	-9.5
10	OH$^-$	1.9×10^{-8}	4.7×10^{-9}	1.4×10^{-8}	6.0×10^{-9}	-10.9
11	Al(OH)$_4^-$	3.4×10^{-10}	8.4×10^{-11}	2.5×10^{-10}	1.1×10^{-10}	-12.6

图 2-14 为 AlCl$_3$ 溶液浓度与组分活度百分比关系，由图可知，随着 AlCl$_3$ 浓度从 1 mmol/L 增加到 100 mmol/L，溶液中主要组分含量的排序不变，Cl$^-$ 的含量始终最高，其次为 Al^{3+}，随 AlCl$_3$ 浓度的升高，溶液中 Cl$^-$ 占总组分活度的比例在增加，而 Al^{3+}、H$^+$ 和 AlOH^{2+} 占总组分活度的比例逐渐降低。

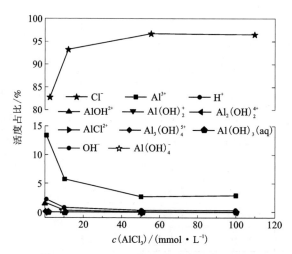

图 2-14 c(AlCl$_3$)与组分活度百分比关系

　　进一步计算了存在水溶氧条件下，AlCl₃ 溶液中水解平衡后的离子分布，如图 2-15 所示，由图可知，在 1 mmol/L 浓度的 AlCl₃ 中，水中的溶氧量对 AlCl₃ 溶液中 Cl^-、Al^{3+}、$AlOH^{2+}$、$Al(OH)_2^+$、$Al(OH)_3(aq)$ 和 $Al(OH)_4^-$ 的比例有很大影响，随着含氧量增大，Cl^-、$Al(OH)_2^+$、$AlOH^{2+}$ 和 $Al(OH)_3(aq)$ 的比例先增加后减少，Al^{3+} 比例逐渐减小，$Al(OH)_4^-$ 的比例逐渐增大。在 10 mmol/L 浓度的 AlCl₃ 中，随着含氧量的增加，Cl^- 和 $AlOH^{2+}$ 的比例有一定增加，Al^{3+} 的比例在降低。AlCl₃ 当溶液的浓度增加至 50 mmol/L，甚至 100 mmol/L 时，水中溶氧对其离子比例分布的影响已经非常低了。总体而言，在低浓度 AlCl₃ 溶液中，空气中氧气更容易使其中 $Al(OH)_3(aq)$ 和 $Al(OH)_4^-$ 增加，AlCl₃ 溶液中存在的水解反应更为复杂：

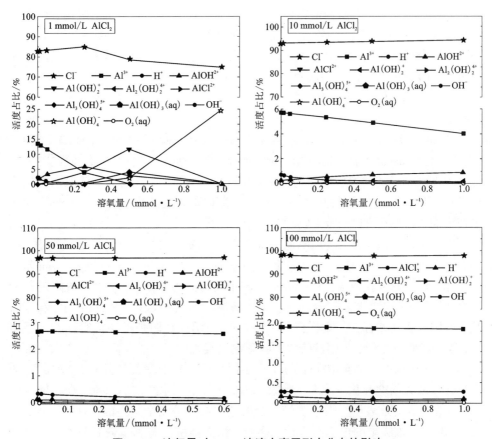

图 2-15　溶氧量对 AlCl₃ 溶液中离子形态分布的影响

$$Al^{3+} + H_2O \Longleftrightarrow AlOH^{2+} + H^+ \tag{2-6}$$

$$Al^{3+} + 2H_2O \Longleftrightarrow Al(OH)_2^+ + 2H^+ \tag{2-7}$$

$$2Al^{3+}+2H_2O\Longleftrightarrow Al_2(OH)_2^{4+}+2H^+ \tag{2-8}$$

$$Al^{3+}+Cl^-\Longleftrightarrow AlCl^{2+} \tag{2-9}$$

$$Al(OH)_2^++OH^-\Longleftrightarrow Al(OH)_3 \tag{2-10}$$

$$Al(OH)_3+OH^-\Longleftrightarrow Al(OH)_4^- \tag{2-11}$$

（2）浓度对 $AlCl_3$ 吸附的影响

图 2-16 为不同浓度 $AlCl_3$ 溶液在碳表面的 QCM-D 吸附结果，由图 2-16 可知，浓度 10 mmol/L 的 $AlCl_3$ 溶液加入后，频率与耗散变化明显，频率降低 2.8 Hz，耗散增加 0.9×10^{-6}，表明发生了吸附行为，但仔细观察，可以发现耗散的变化略滞后于频率的变化，在频率降低的最初阶段（0~1 Hz），耗散并没有明显增加，说明此时发生了少量密实物的吸附（刚性吸附），之后随着频率的继续降低，耗散开始增加，说明有两种密实程度差别较大的物质在表面发生了吸附，用水清洗后，频率有较大提高，但不能完全回归到基线，耗散降低至基线附近，表明大部分吸附物已经脱附，但仍有少量较为密实的吸附物残留到了碳表面，吸附不完全可逆；10 mmol/L $AlCl_3$ 溶液对应的频率与耗散关系中，可观察到频率与耗散整体呈直线关系，但有类似拐点的存在，也说明可能有两种密实程度不同的吸附物。

50 mmol/L 浓度条件下，$AlCl_3$ 溶液的加入使频率降低 12.5 Hz，耗散升高 4.1×10^{-6}，比 10 mmol/L 的 $AlCl_3$ 引起的变化幅度大，表明吸附量增加，但此时曲线也表现出更明显的两段吸附行为，在频率降低幅度为 0~5 Hz 时，耗散未发生明显变化，说明此时的吸附物较为密实，在频率降低幅度达到 5~11.5 Hz 时，耗散迅速增加，说明此阶段的吸附物较为松散，同样，用水清洗后，频率有较大提高，但不能完全回归到基线，耗散降低至基线附近，表明大部分吸附物已经脱附，但仍有少量较为密实的吸附物残留到了碳表面上，吸附不完全可逆；50 mmol/L $AlCl_3$ 溶液的频率/耗散关系曲线表现出的主要特点为：首先，吸附和脱附过程的频率/耗散关系曲线不能完全吻合，说明脱附后有部分吸附物残留在了碳表面；其次吸附过程初始存在一截拐点（频率<2），说明存在两种不同密实程度的吸附物，第一段斜率更低，表明该阶段的吸附物密实程度更高。

在 $AlCl_3$ 浓度升高至 100 mmol/L 时，频率降低 19 Hz，耗散升高 7.5×10^{-6}，频率和耗散的大幅度变化表明大量吸附行为的发生，用水清洗后，频率和耗散均可回归至基线附近，表明吸附物已经完全脱附，吸附是完全可逆的，总体而言，浓度对 $AlCl_3$ 溶液吸附的可逆性有较大影响，虽然高浓度有利于提高吸附量，但低浓度下容易发生不可逆吸附行为；100 mmol/L $AlCl_3$ 溶液对应的频率与耗散关系中，可观察到频率与耗散呈直线关系，说明吸附和脱附过程完全吻合，吸附是可逆的，表明吸附层密实程度不随吸附量增加而改变。

在吸附时间方面，对于不同浓度的 $AlCl_3$ 溶液，大部分吸附行为均在前 2 min

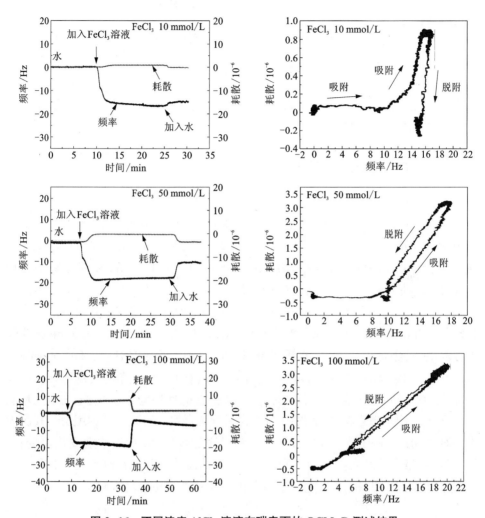

图 2-16　不同浓度 AlCl₃ 溶液在碳表面的 QCM-D 测试结果

内完成, 脱附所需时间为 1~1.5 min, 略小于吸附所需时间。表 2-10 为 AlCl₃ 溶液在碳表面产生的吸附和脱附量数据, 由表可知, 随着 AlCl₃ 浓度的升高, 产生的吸附量升高, 10 mmol/L 的 AlCl₃ 对应的吸附量仅为 50 ng/m², 100 mmol/L AlCl₃ 对应的吸附量高达 335 ng/m²。10 mmol/L 和 50 mmol/L AlCl₃ 溶液吸附后不可以完全脱附, 有物质发生了不可逆吸附, 且吸附层较为密实, 这是由 Al(OH)₃ 的吸附导致的, 100 mmol/L AlCl₃ 溶液可以完全脱附。

表 2-10 AlCl₃ 溶液在碳表面的吸附量和脱附量

$c(AlCl_3)/(mmol \cdot L^{-1})$	吸附量/$(ng \cdot m^{-2})$	脱附量/$(ng \cdot m^{-2})$	吸附可逆性
10	50	43	不完全可逆
50	223	200	不完全可逆
100	335	335	完全可逆

2.3.2 FeCl₃ 的吸附脱附特性

（1）FeCl₃ 溶液中元素形态分析

Fe 元素在水中的形态是非常复杂的，通常以铁羟基络合物形态存在，包括单核组分 $FeOH^{2+}$、$Fe(OH)_2^+$ 和通过单核组分的羟基桥联形成的多核组分 $Fe_2(OH)_2^{4+}$、$Fe_3(OH)_4^{5+}$，以及可溶性氢氧化铁-$Fe(OH)_3(aq)$ 和其羟基络合物 $Fe(OH)_4^-$。铁离子在水中的形态对其吸附行为有巨大影响，为了解释获得的 QCM-D 结果，分析了不同浓度 FeCl₃ 溶液中的化学平衡，得到了其组分的元素形态分布。由表 2-11 可知，在理想的 FeCl₃ 溶液中，有 11 种组分，关于 Fe 的离子或可溶性化合物有 7 种，包括带正电的 $FeOH^{2+}$、$Fe(OH)_2^+$、Fe^{3+}、$FeCl^{2+}$、$Fe_2(OH)_2^{4+}$、$Fe_3(OH)_4^{5+}$ 以及 $Fe(OH)_3(aq)$，$Fe(OH)_3(aq)$ 溶胶颗粒具有一定吸附特性，在不同 pH 下会吸附不同的离子带电，在碱性环境中带正电，在酸性环境中带负电。不同浓度 FeCl₃ 溶液中，Cl^- 含量均为最高，远高于其他组分，其次为 H^+，而 $FeOH^{2+}$、$FeOH^{2+}$、Fe^{3+}、$FeCl^{2+}$ 含量排序随着 FeCl₃ 溶液浓度变化而变化。随着 FeCl₃ 浓度的升高，溶液中不同离子组分的总浓度和总活度变化不同，但主要增加的离子以 Cl^- 和 H^+ 为主，与 Al^{3+} 相比，Fe^{3+} 明显更容易水解。

表 2-11 不同浓度 FeCl₃ 溶液中元素形态分布

		1 mmol/L FeCl₃				
序数	组分	浓度/$(mmol \cdot L^{-1})$	浓度占比/%	活度/$(mmol \cdot L^{-1})$	活度占比/%	log 活度
1	Cl^-	2.99	60.12	2.79	62.58	-2.6
2	H^+	1.00	20.09	0.93	20.92	-3.0
3	$FeOH^{2+}$	0.74	14.86	0.56	12.56	-3.3
4	$Fe(OH)_2^+$	0.12	2.33	0.11	2.42	-4.0

续表 2-11

序数	组分	浓度 /(mmol·L⁻¹)	浓度占比 /%	活度 /(mmol·L⁻¹)	活度占比 /%	log 活度
			1 mmol/L FeCl₃			

序数	组分	浓度 $/(\text{mmol·L}^{-1})$	浓度占比 /%	活度 $/(\text{mmol·L}^{-1})$	活度占比 /%	log 活度
5	Fe^{3+}	0.11	2.20	0.06	1.31	−4.2
6	$FeCl^{2+}$	0.01	0.12	0.00	0.10	−5.3
7	$Fe_2(OH)_2^{4+}$	0.01	0.26	0.00	0.10	−5.4
8	$Fe_3(OH)_4^{5+}$	0.001	0.01	1.1×10^{-4}	0.003	−6.9
9	$Fe(OH)_3(aq)$	5.9×10^{-8}	0.000001	5.9×10^{-8}	0.000001	−10.2
10	OH^-	9.9×10^{-9}	2.0×10^{-7}	9.3×10^{-9}	2.1×10^{-7}	−11.0
11	$Fe(OH)_4^-$	1.1×10^{-12}	2.2×10^{-11}	1.0×10^{-12}	1.0×10^{-10}	−15.0

			10 mmol/L FeCl₃			
序数	组分	浓度 $/(\text{mmol·L}^{-1})$	浓度占比 /%	活度 $/(\text{mmol·L}^{-1})$	活度占比 /%	log 活度
1	Cl^-	28.98	67.06	23.80	77.57	−1.6
2	H^+	5.06	11.72	4.16	13.55	−2.4
3	$FeOH^{2+}$	3.25	7.51	1.48	4.81	−2.8
4	Fe^{3+}	4.06	9.39	0.69	2.24	−3.2
5	$FeCl^{2+}$	1.02	2.37	0.46	1.52	−3.3
6	$Fe(OH)_2^+$	0.08	0.18	0.06	0.21	−4.2
7	$Fe_2(OH)_2^{4+}$	0.70	1.62	0.03	0.10	−4.5
8	$Fe_3(OH)_4^{5+}$	0.06	0.15	4.7×10^{-4}	0.0015	−6.3
9	$Fe(OH)_3(aq)$	7.7×10^{-9}	1.8×10^{-8}	7.8×10^{-9}	2.5×10^{-8}	−11.1
10	OH^-	2.5×10^{-9}	5.9×10^{-9}	2.1×10^{-9}	6.8×10^{-9}	−11.7
11	$Fe(OH)_4^-$	3.7×10^{-14}	8.5×10^{-14}	3.0×10^{-14}	3.0×10^{-12}	−16.5

			50 mmol/L FeCl₃			
序数	组分	浓度 $/(\text{mmol·L}^{-1})$	浓度占比 /%	活度 $/(\text{mmol·L}^{-1})$	活度占比 /%	log 活度
1	Cl^-	135.59	69.73	100.20	85.61	−1.0
2	H^+	12.96	6.67	9.58	8.18	−2.0

续表 2-11

序数	组分	浓度 /($mmol \cdot L^{-1}$)	浓度占比 /%	活度 /($mmol \cdot L^{-1}$)	活度占比 /%	log 活度
			50 mmol/L FeCl$_3$			
3	$FeCl^{2+}$	14.41	7.41	4.30	3.67	−2.4
4	Fe^{3+}	23.00	11.83	1.51	1.29	−2.8
5	$FeOH^{2+}$	4.70	2.42	1.40	1.20	−2.9
6	$Fe_2(OH)_2^{4+}$	3.42	1.76	0.03	0.02	−4.6
7	$Fe(OH)_2^+$	0.04	0.02	0.03	0.02	−4.6
8	$Fe_3(OH)_4^{5+}$	0.34	0.17	1.7×10^{-4}	0.00	−6.8
9	$Fe(OH)_3(aq)$	1.3×10^{-9}	6.7×10^{-10}	1.4×10^{-9}	1.2×10^{-9}	−11.9
10	OH^-	1.2×10^{-9}	6.3×10^{-10}	9.0×10^{-10}	7.7×10^{-10}	−12.0
11	$Fe(OH)_4^-$	3.1×10^{-15}	1.6×10^{-15}	2.3×10^{-15}	2.3×10^{-13}	−17.6

序数	组分	浓度 /($mmol \cdot L^{-1}$)	浓度占比 /%	活度 /($mmol \cdot L^{-1}$)	活度占比 /%	log 活度
			100 mmol/L FeCl$_3$			
1	Cl^-	256.36	69.65	187.64	86.38	−0.7
2	H^+	17.83	4.84	13.05	6.01	−1.9
3	$FeCl^{2+}$	43.64	11.85	12.52	5.77	−1.9
4	Fe^{3+}	39.03	10.60	2.35	1.08	−2.6
5	$FeOH^{2+}$	5.57	1.51	1.60	0.74	−2.8
6	$Fe_2(OH)_2^{4+}$	5.18	1.41	0.04	0.02	−4.5
7	$Fe(OH)_2^+$	0.03	0.01	0.02	0.01	−4.7
8	$Fe_3(OH)_4^{5+}$	0.46	0.13	1.9×10^{-4}	0.00	−6.7
9	$Fe(OH)_3(aq)$	7.6×10^{-10}	2.1×10^{-10}	8.5×10^{-10}	3.9×10^{-10}	−12.1
10	OH^-	9.0×10^{-10}	2.4×10^{-10}	6.6×10^{-10}	3.0×10^{-10}	−12.2
11	$Fe(OH)_4^-$	1.4×10^{-15}	3.8×10^{-16}	1.0×10^{-15}	1.0×10^{-13}	−18.0

图 2-17 为 $FeCl_3$ 溶液浓度与组分活度百分比关系，由图可知，$FeCl_3$ 溶液中的组分比例随 $FeCl_3$ 溶液的浓度变化较为复杂，随着 $FeCl_3$ 浓度从 1 mmol/L 增加到 100 mmol/L，溶液中主要组分含量的排序有一些变化，Cl^- 的含量始终最高，其次为 H^+，随 $FeCl_3$ 浓度的升高，溶液中 Cl^- 和 $FeCl^{2+}$ 占总组分活度的比例在增加，而 H^+、$FeOH^{2+}$ 和 $Fe(OH)_2^+$ 占总组分活度的比例逐渐降低，Fe^{3+} 含量先增加后减少，在 10 mmol/L 浓度的 $FeCl_3$ 溶液中，Fe^{3+} 含量的比例最高。

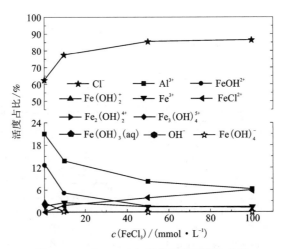

图 2-17　$c(FeCl_3)$ 与组分活度百分比关系

进一步计算了存在水溶氧条件下，$FeCl_3$ 溶液中水解平衡后的离子分布，由图 2-18 可知，在 1 mmol/L 的 $FeCl_3$ 中，水中的溶氧量对 $FeCl_3$ 溶液中 Cl^-、H^+、$FeOH^{2+}$、$Fe(OH)_2^+$、Fe^{3+} 和 $Fe(OH)_4^-$ 的比例有极大影响，随着含氧量增大，Cl^- 和 $Fe(OH)_3(aq)$ 的比例逐渐增加，H^+、$FeOH^{2+}$ 和 Fe^{3+} 的比例逐渐减少，$Fe(OH)_2^+$ 的比例先增加后减少。在 10 mmol/L 的 $AlCl_3$ 中，随着含氧量的增加，Cl^- 和 $FeOH^{2+}$ 的比例有一定增加，H^+ 及其他离子的比例在降低。$FeCl_3$ 当溶液的浓度增加至 50 mmol/L，甚至 100 mmol/L 时，水中溶氧对其离子比例分布的影响已经非常低了。整体而言，$FeCl_3$ 溶液的浓度越低，其水解程度越大，越容易受到空气中氧气的影响，而 $Fe(OH)_4^-$ 增加，往往说明体系中 $Fe(OH)_3$ 的增加，这与 $FeCl_3$ 溶液发生的不可逆吸附行为密切相关，$FeCl_3$ 溶液中存在的水解反应主要有式(2-12)至式(2-17)：

$$Fe^{3+}+H_2O \Longleftrightarrow FeOH^{2+}+H^+ \quad K_1=1.66\times10^{-2} \qquad (2-12)$$

$$Fe^{3+}+2H_2O \Longleftrightarrow Fe(OH)_2^+ +2H^+ \quad K_2=4.52\times10^{-3} \qquad (2-13)$$

$$2Fe^{3+}+2H_2O \Longleftrightarrow Fe_2(OH)_2^{4+}+2H^+ \quad K_{22}=5.85\times10^{-3} \qquad (2-14)$$

$$Fe^{3+}+Cl^- \Longleftrightarrow FeCl^{2+} \tag{2-15}$$

$$Fe(OH)_2^+ + OH^- \Longleftrightarrow Fe(OH)_3 \tag{2-16}$$

$$Fe(OH)_3 + OH^- \Longleftrightarrow Fe(OH)_4^- \tag{2-17}$$

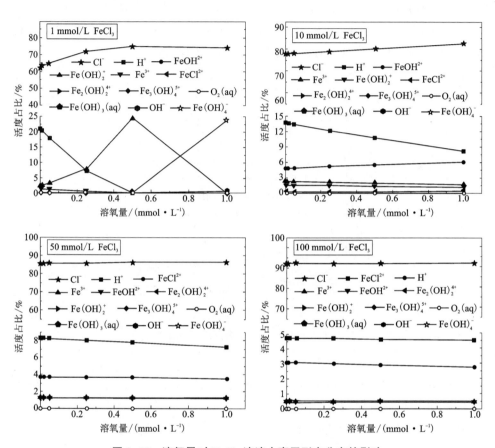

图 2-18　溶氧量对 $FeCl_3$ 溶液中离子形态分布的影响

（2）浓度对 $FeCl_3$ 吸附的影响

图 2-19 为不同浓度 $FeCl_3$ 溶液在碳表面的 QCM-D 试验结果，由图可知，$FeCl_3$ 溶液的吸附脱附行为与其他无机盐溶液有很大区别，加入浓度 1 mmol/L 的 $FeCl_3$ 后，频率的变化分为明显的快速降低和慢速降低两段，第一段频率降低 13 Hz，耗散增加 1.3×10^{-6}，第二段频率降低 11 Hz，耗散增加 0.2×10^{-6}，总频率降低 24 Hz，总耗散增加 1.5×10^{-6}，两段吸附的频率的和耗散的变化差距表明有两种物质在表面产生了吸附，第一层吸附物的吸附时间较短，在 2 min 之内，第二层的吸附物吸附时间较长，进行了 1 个多小时，两层吸附物的频率变化相近，

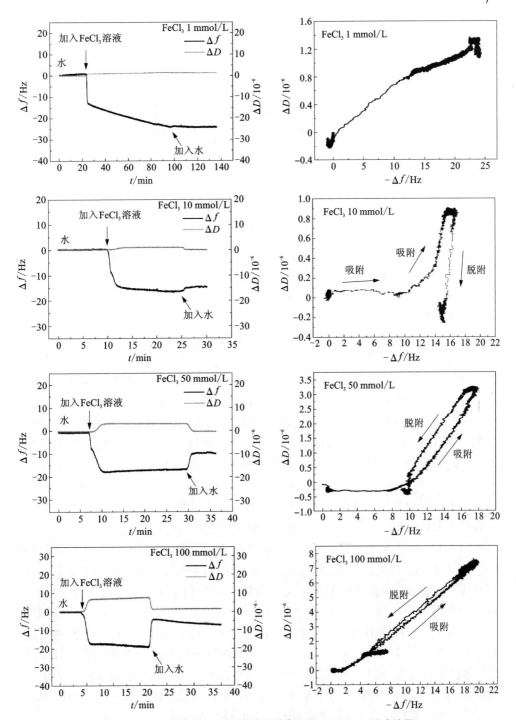

图 2-19　不同浓度 FeCl₃ 溶液在碳表面的 QCM-D 测试结果

但耗散变化较大，第一层吸附物的耗散较大，表明其较为松散，第二层吸附物耗散较小表明其较为密实。相似的结论也可以从对应的频率和耗散的关系曲线中得出，曲线中有两段，第一段斜率较大，说明对应的吸附层较为松散，第二段斜率较小，说明对应的吸附层较为密实。加入水清洗后频率有一丝回升，耗散没有明显变化，表明大部分吸附物较为密实，且与表面的作用非常强，不可以从表面脱附，这是由于低浓度下，$FeCl_3$ 水解及空气氧化产生 $Fe(OH)_3$ 导致的。

当 $FeCl_3$ 溶液浓度为 10 mmol/L 时，可以观察到三段吸附行为，第一段频率快速降低 9 Hz 左右，耗散没有明显变化，持续时间 1 min；第二段频率降低 14 Hz，耗散升高 $0.7×10^{-6}$，持续时间 2 min；第三段频率降低 2.5 Hz，耗散升高 $0.1×10^{-6}$，持续时间 20 min，未完全达到吸附平衡，三个吸附阶段的频率的和耗散的变化差异表明不同密实程度的物质在碳表面发生了吸附，加入水冲洗后，频率增加 2 Hz 左右，耗散回归到基线附近，表明部分结构较为松散的吸附物从表面脱除，但少量结构较为密实的吸附物残留到了碳表面；10 mmol/L 浓度 $FeCl_3$ 溶液对应的频率与耗散关系曲线中，可观察到更为明显的多段吸附特性，最初随着频率的变化，耗散并没有明显增加，说明这部分吸附层较为密实，之后随着频率变化，耗散开始增加，说明此时吸附层较之前松散，吸附曲线和脱附曲线差别较大，说明不可脱附物质较多。

当 $FeCl_3$ 溶液浓度为 50 mmol/L 时，可以观察到两段吸附特性，频率降低的第一个阶段内，耗散没有明显变化，频率降低的第二个阶段内，耗散迅速增加，说明两段对应的吸附物不同，第一段吸附物比第二段更加密实，两段总频率降低 17 Hz，耗散增加 $3.4×10^{-6}$，加入水清洗后，发现耗散回归至基线附近，频率回归了一半左右，说明少量结构较为密实的吸附物残留到了碳表面；50 mmol/L 浓度 $FeCl_3$ 溶液对应的频率与耗散关系曲线中，可观察到更为明显的多段吸附特性，最初随着频率的变化，耗散并没有明显增加，说明这部分吸附层较为密实，之后随着频率变化，耗散开始增加，说明此时吸附层较之前松散。

当 $FeCl_3$ 溶液浓度为 100 mmol/L 时，吸附过程为单段吸附，总频率降低 19 Hz，总耗散增加 $7×10^{-6}$，加入水清洗后，耗散回归至基线附近，频率未完全回复到基线，表明仍有少量结构较为密实的吸附物残留到了碳表面，在脱附过程中，可观察到另一个特殊情况，随着水的加入和 $FeCl_3$ 的稀释，频率再次缓慢降低，表明又发生了二次吸附行为，且吸附物较为密实；100 mmol/L $FeCl_3$ 溶液对应的频率与耗散关系曲线与低浓度 $FeCl_3$ 溶液对应的频率与耗散关系曲线有了较大区别，多段吸附特性变弱。频率与耗散更多呈现线性关系，说明多数吸附过程中吸附层构型没有变化，吸附曲线和脱附曲线不能完全吻合，说明有一部分吸附物不可脱附，但与其他浓度 $FeCl_3$ 溶液相比，不可脱附物减少。

在吸附时间方面，由于多段吸附的存在，总体吸附所需时间较长，但脱附时间很短，在 2 min 以内。表 2-12 为不同浓度 $FeCl_3$ 溶液在碳表面产生的吸附量和脱附量数据，由表可知，浓度 1 mmol/L 的 $FeCl_3$ 溶液产生的吸附量最高，为 430 ng/m^2，这与其他溶液有较大区别，浓度 10 mmol/L 的 $FeCl_3$ 溶液产生的吸附量最低，对应的吸附量为 290 ng/m^2，之后随着 $FeCl_3$ 溶液溶度的升高，产生的吸附量有所增加，在脱附方面，随着浓度的增加，脱附量增加，说明 $FeCl_3$ 溶液浓度越高，越容易脱附。

表 2-12　不同浓度 $FeCl_3$ 溶液在碳表面的吸附量和脱附量

$c(FeCl_3)/(mmol \cdot L^{-1})$	吸附量/$(ng \cdot m^{-2})$	脱附量/$(ng \cdot m^{-2})$	吸附可逆性
1	430	6	不完全可逆
10	290	41	不完全可逆
50	293	110	不完全可逆
100	330	290	不完全可逆

2.4　pH 对无机盐在碳表面吸附脱附的影响

众多文献和工业现象表明 pH 对一价无机盐的吸附行为影响较小，因此主要选取了二价的 $CaCl_2$ 和三价的 $FeCl_3$ 探讨了 pH 对高价无机盐吸附行为的影响。

2.4.1　pH 对 $CaCl_2$ 吸附脱附的影响

研究了 pH 对浓度 50 mmol/L 的 $CaCl_2$ 溶液在碳表面吸附的影响，由图 2-20 可知，在 pH=5 时，加入浓度 50 mmol/L 的 $CaCl_2$ 后，频率与耗散变化明显，频率降低 3.7 Hz，耗散增加 1.7×10^{-6}，表明 $CaCl_2$ 溶液在碳表面发生了吸附行为，用水清洗后，耗散均可回归至基线，频率的回复略高于基线，表明除了吸附的物质已全部脱附，还有可能有试验误差导致的无定形碳颗粒从表面脱附。pH=5 时对应的频率与耗散关系中，可观察到吸附和脱附过程中的频率与耗散为直线关系，说明随着频率的增加，耗散均匀增加，吸附层构型和密实程度没有发生明显变化。

在 pH=9 时，$CaCl_2$ 溶液的吸附过程表现出了多段吸附的特性，最初频率少量降低时，耗散明显变化，之后频率大幅降低，耗散迅速升高，表明吸附量增加，用水清洗后，频率缓慢降低，耗散无明显变化，说明吸附过程中可能存在不同的

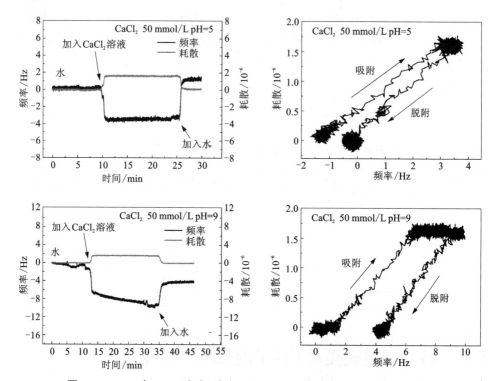

图 2-20 pH 对 CaCl₂ 溶液(浓度 50 mmol/L)在碳表面吸附脱附的影响

吸附物,加入水清洗后,耗散可回归至基线,频率有很大增加,但仍距离基线较远,说明较松散的吸附物已从表面脱附,残留吸附物较为密实。pH=9 时对应的频率与耗散关系中,可以观察到吸附过程中的黑点和直线间有一个拐点,说明有多段吸附发生,吸附和脱附过程的频率与耗散曲线不能完全重合,说明吸附和脱附过程不一致,有较多吸附物在表面残留。

在吸附时间方面,对于不同 pH 的 CaCl₂ 溶液,脱附所需时间均小于吸附所需时间。表 2-13 中为不同 pH 下 CaCl₂ 溶液产生的吸附量和脱附量数据,由表可知,随着 pH 的升高,CaCl₂ 溶液产生的吸附量升高,pH=5 时,CaCl₂ 对应的吸附量仅为 63 ng/m² ,pH=9 时对应的吸附量高达 161 ng/m² ,由脱附量可知,在 pH=5 时,CaCl₂ 溶液产生的吸附可以完全脱附,为可逆吸附,在 pH=9 时,CaCl₂ 溶液产生的吸附不能完全脱附,吸附不可逆。

表 2-13　pH=5 和 pH=9 时 $CaCl_2$ 溶液产生的吸附量和脱附量

$CaCl_2$ 溶液 pH	吸附量/(ng·m^{-2})	脱附量/(ng·m^{-2})	吸附可逆性
5	63	63	完全可逆
9	161	90	不完全可逆

$CaCl_2$ 溶液在不同的 pH 下，表现出不同的吸附行为，这必然与 $CaCl_2$ 在不同 pH 时的元素形态分布有关，表 2-14 为 pH=5 和 pH=9 时，50 mmol/L $CaCl_2$ 溶液中元素形态分布，由表可知，pH 的改变，除了伴随的 H$^-$ 和 OH$^-$ 的占比变化之外，其他的唯一变化发生在 CaOH$^+$ 络合离子上，Cl$^-$、Ca^{2+} 和 CaCl$^+$ 浓度均没有发生变化，CaOH$^+$ 离子的形成，往往需要一定的碱性环境，而碱性环境也伴随 Ca(OH)$_2$ 形成，在实际过程中，溶液中变化更加复杂，但发生的不可逆吸附行为必然与 Ca(OH)$_2$ 密切相关，且 Ca(OH)$_2$ 更容易造成不可逆吸附，由其形成的吸附物也更加密实。

表 2-14　pH=5 和 pH=9 时 $CaCl_2$ 溶液(50 mmol/L)中元素形态分布

			50 mmol/L $CaCl_2$ pH=5			
序数	组分	浓度/(mmol·L^{-1})	浓度占比/%	活度/(mmol·L^{-1})	活度占比/%	log 活度
1	Cl$^-$	96.26	65.81	73.40	79.87	−1.1
2	Ca^{2+}	46.26	31.62	15.64	17.01	−1.8
3	CaCl$^+$	3.74	2.56	2.85	3.10	−2.5
4	H$^+$	0.01	0.009	0.01	0.01	−5.0
5	OH$^-$	$1.1×10^{-6}$	0.0000008	$8.6×10^{-7}$	0.0000009	−9.1
6	CaOH$^+$	$3.5×10^{-7}$	0.0000002	$2.6×10^{-7}$	0.0000003	−9.6
			50 mmol/L $CaCl_2$ pH=9			
序数	组分	浓度/(mmol·L^{-1})	浓度占比/%	活度/(mmol·L^{-1})	活度占比/%	log 活度
1	Cl$^-$	96.26	65.81	73.40	79.87	−1.1
2	Ca^{2+}	46.25	31.62	15.63	17.01	−1.8
3	CaCl$^+$	3.74	2.56	2.85	3.10	−2.5

续表 2-14

序数	组分	浓度 /(mmol·L^{-1})	浓度占比 /%	活度 /(mmol·L^{-1})	活度占比 /%	log 活度
4	OH$^-$	0.01	0.008	8.6×10^{-3}	0.009	-5.1
5	CaOH$^+$	3.5×10^{-3}	0.002	2.6×10^{-3}	0.003	-5.6
6	H$^+$	1.3×10^{-3}	9.0×10^{-7}	1.0×10^{-3}	0.000001	-9.0

2.4.2 pH 对 FeCl$_3$ 吸附脱附的影响

以 10 mmol/L 浓度的 FeCl$_3$ 溶液为例，研究了 pH 对 FeCl$_3$ 溶液在碳表面吸附的影响。由图 2-21 可知，在 pH=5 时，溶液中发生了明显的两段吸附行为，第一段频率快速降低 5 Hz 左右，耗散升高 0.55，第二段频率继续缓慢降低 5.5 Hz，耗散没有明显变化，比较可知，第二段的吸附层比第一段的更为密实，加入水冲洗后，频率有一定回升，但变化非常小，耗散回归到基线附近，表明有部分吸附物从表面脱除，但大部分吸附物残留在了碳表面，且较为密实；pH=5 时对应的频率与耗散关系中，可观察到吸附和脱附过程的曲线有较大区别，说明有较多吸附物在表面残留。在 pH=9 时，其吸附过程变化规律与 pH=5 时相近，但曲线的波动较大，其对应的频率与耗散曲线也更加不规则，吸附与脱附过程的差异更加明显，这可能是由于碱性条件下，溶液中更多的 Fe(OH)$_3$ 使溶液中存在的吸附行为更加复杂导致的。

在吸附时间方面，对于不同 pH 的 FeCl$_3$ 溶液，脱附所需时间均小于吸附所需时间，表 2-15 中为不同 pH 的 FeCl$_3$ 溶液产生的吸附和脱附量数据，由表可知，随着 pH 的升高，FeCl$_3$ 溶液产生的吸附量有所增加，pH=5 时，吸附量为 180 ng/m^2，pH=9 时，吸附量为 200 ng/m^3，由脱附情况可知，不同 pH 条件下，FeCl$_3$ 溶液产生的吸附均是不可逆的。

表 2-15　pH=5 和 pH=9 时 FeCl$_3$ 溶液产生的吸附量和脱附量

FeCl$_3$ 溶液 pH	吸附量/(ng·m^{-2})	脱附量/(ng·m^{-2})	吸附可逆性
5	180	11	不可逆
9	200	5	不可逆

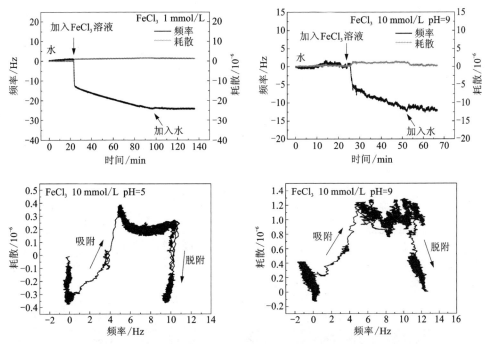

图 2-21　pH 对 FeCl₃ 溶液(10 mmol/L)在碳表面吸附脱附的影响

进一步计算了 FeCl₃ 溶液在不同 pH 时的元素形态分布, 见表 2-16, 由表可知, pH 的改变对 FeCl₃ 溶液中的 Cl⁻ 的含量没有影响, 但对铁羟基耦合离子的含量影响很大, 在 pH=5 时, 溶液中 $Fe(OH)_2^+$ 和 $FeOH^{2+}$ 含量较高, 在 pH=9 时, 溶液中 $Fe(OH)_4^-$、$Fe(OH)_2^+$ 和 $Fe(OH)_3(aq)$ 的含量较高, 碱性条件下 $Fe(OH)_3$ (aq)的增多更容易产生不可逆吸附。

表 2-16　pH=5 和 pH=9 时 FeCl₃ 溶液(10 mmol/L)中元素形态分布

序数	组分	浓度/(mmol·L⁻¹)	浓度占比/%	活度/(mmol·L⁻¹)	活度占比/%	log 活度
10 mmol/L FeCl₃ pH=5						
1	Cl^-	30.00	75.68	25.90	76.56	-1.6
2	$Fe(OH)_2^+$	8.68	21.89	7.49	22.15	-2.1
3	$FeOH^{2+}$	0.75	1.89	0.42	1.23	-3.4

续表 2-14

序数	组分	浓度 /(mmol·L^{-1})	浓度占比 /%	活度 /(mmol·L^{-1})	活度占比 /%	log 活度
4	H^+	0.01	0.03	0.01	0.03	-5.0
5	$Fe_3(OH)_4^{5+}$	0.17	0.44	0.00	0.01	-5.4
6	$Fe_2(OH)_2^{4+}$	0.03	0.06	0.00	0.007	-5.6
7	Fe^{3+}	$1.8×10^{-3}$	0.004	$4.7×10^{-4}$	0.001	-6.3
8	$Fe(OH)_3(aq)$	$3.8×10^{-4}$	0.001	$3.8×10^{-4}$	0.001	-6.4
9	$FeCl^{2+}$	$6.2×10^{-4}$	0.002	$3.4×10^{-4}$	0.001	-6.5
10	OH^-	$1.0×10^{-4}$	0.000003	$8.6×10^{-7}$	0.000003	-9.1
11	$Fe(OH)_4^-$	$7.1×10^{-7}$	0.000002	$6.1×10^{-7}$	0.000002	-9.2

10 mmol/L FeCl$_3$ pH=9

序数	组分	浓度 /(mmol·L^{-1})	浓度占比 /%	活度 /(mmol·L^{-1})	活度占比 /%	log 活度
1	Cl^-	30.00	74.98	26.14	74.85	-1.6
2	$Fe(OH)_4^-$	8.50	21.24	7.41	21.20	-2.1
3	$Fe(OH)_2^+$	1.04	2.61	0.91	2.60	-3.0
4	$Fe(OH)_3(aq)$	0.46	1.15	0.46	1.32	-3.3
5	OH^-	0.01	0.02	$8.6×10^{-3}$	0.02	-5.1
6	$FeOH_2^+$	$8.8×10^{-6}$	0.00002	$5.1×10^{-6}$	0.00001	-8.3
7	H^+	$1.1×10^{-6}$	0.000003	$1.0×10^{-6}$	0.000003	-9.0
8	Fe^{3+}	$2.0×10^{-12}$	$4.9×10^{-12}$	$5.7×10^{-13}$	$1.6×10^{-12}$	-15.2
9	$FeCl^{2+}$	$7.3×10^{-13}$	$1.8×10^{-12}$	$4.2×10^{-13}$	$1.2×10^{-12}$	-15.4
10	$Fe_2(OH)_2^{4+}$	$3.2×10^{-12}$	$7.9×10^{-12}$	$3.5×10^{-13}$	$1.0×10^{-12}$	-15.5
11	$Fe_3(OH)_4^{5+}$	$2.4×10^{-12}$	$6.1×10^{-12}$	$7.9×10^{-14}$	$2.2×10^{-13}$	-16.1

2.5　无机盐吸附作用的综合讨论

浓度和价态对于无机盐离子的吸附行为有极大影响，随着价态的增加，元素形态种类增多，分布较为复杂，结合吸附能力和脱附难度可知（如图 2-22 所示），不同无机盐溶液与碳表面的作用强度由高到低排序为：$FeCl_3 \gg AlCl_3 > MgCl_2 > CaCl_2 > NaCl > KCl$，其中 $FeCl_3$ 的作用强度远远高于同等价位的 $AlCl_3$ 和其他低价无机盐溶液，这是由于 Fe^{3+} 的水解能力远高于 Al^{3+}、Mg^{2+}、Ca^{2+} 等离子，同时受到空气氧化的作用，在低浓度时更加容易生成胶状或沉淀形态的水解产物，从而发生不可逆吸附行为。

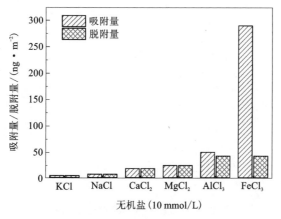

图 2-22　不同无机盐在碳表面的吸附量、脱附量对比

离子在表面的吸附能力会对双电层有重要影响，根据 Gouy、Chapman、Debye、Huckel、Grahame 等人提出并完善的扩散双电层理论（图 2-23），带电表面会通过库伦引力作用从溶液中吸附反离子，使反离子向表面靠近，而另一方面，渗透压会迫使反离子远离表面，这导致了扩散双电层的形成。扩散双电层包括斯特恩层（stern layer）和扩散层（diffuse 或 Gouy-Chapman layer），斯特恩层距离表面非常近，薄且致密（大约 1nm），在斯特恩层内部，水的相对介电常数会大幅度降低，IHP 面处达到最低，扩散层从外 OHP 面（斯特恩面）处开始，其厚度称为德拜长度（Debye length），表示从斯特恩面开始到溶液中某一点离子完全屏蔽表面作用的距离。带电粒子之间的相互作用受其扩散层重叠的控制，由于斯特恩层薄且与固体表面结合紧密，溶液离子环境对扩散层的厚度（德拜长度）的影响对于颗粒

间作用起主要原因，下文将根据扩散双电层理论对研究的无机盐环境下的德拜长度和静电斥能进行计算。

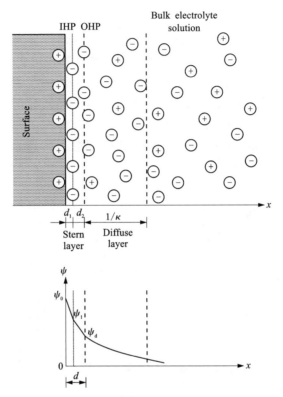

图 2-23　颗粒双电层及电位示意图

从斯特恩面开始的某一位置 x 的电势 ψ 可由 Poisson 方程表达为：

$$\nabla^2\psi = -\frac{\rho}{\varepsilon\varepsilon_0} \qquad (2-18)$$

式(2-18)中，ρ 是体系的电荷密度(C/m^3)，ε 是介质的相对介电常数，ε_0 是真空介电常数，ε 在斯特恩层内变化较大，但在扩散层中，可视为恒定数值。仅考虑垂直于固液界面的一维方向时，式(2-18)可以简写为式(2-19)：

$$\frac{d^2\psi}{dx^2} = -\frac{\rho}{\varepsilon\varepsilon_0} \qquad (2-19)$$

在斯特恩面外，反离子会累积，把一个离子从无穷远处带到势能为 ψ 的位置需要做的功等于 $z_i e\psi$，(Z_i 是离子 i 的价态)，靠近斯特恩面的离子浓度符合 Boltzmann 分布：

$$n_i = n_i^\infty \exp\left(-\frac{z_i e\psi}{kT}\right) \tag{2-20}$$

式(2-20)中，n_i 是斯特恩面附近离子 i 的浓度(单位体积内的数量)，n_i^∞ 是溶液中离子 i 的固有浓度，e 是元电荷。

电荷密度 ρ 与离子浓度有关，计算公式为：

$$\rho = \sum_i z_i e n_i = \sum_i z_i e n_i^\infty \exp\left(-\frac{z_i e\psi}{kT}\right) \tag{2-21}$$

结合方程(2-19)和(2-21)可得：

$$\frac{\mathrm{d}^2\psi}{\mathrm{d}x^2} = -\frac{e}{\varepsilon\varepsilon_0}\sum_i z_i n_i^\infty \exp\left(-\frac{z_i e\psi}{kT}\right) \tag{2-22}$$

方程(2-22)即为 Poisson-Boltzmann 方程，求解该方程，可得势能 ψ 与位置 x 的关系，式中指数项可展开为：

$$\exp\left(-\frac{z_i e\psi}{kT}\right) = 1 - \frac{z_i e\psi}{kT} + \frac{\left(\frac{z_i e\psi}{kT}\right)^2}{2!} - \cdots \tag{2-23}$$

在势能较小的时候，也就是 $\left|\frac{z_i e\psi}{kT}\right| < 1$，由于前两项之后的内容数值较小，可以忽略，因此式(2-23)可以近似为：

$$\exp\left(-\frac{z_i e\psi}{kT}\right) \approx 1 - \frac{z_i e\psi}{kT} \tag{2-24}$$

这个过程称为 Debye-Hückel 近似，通过这一步近似之后，方程(2-21)变为：

$$\rho = \sum_i z_i e n_i^\infty \left(1 - \frac{z_i e\psi}{kT}\right) \tag{2-25}$$

又由溶液整体的电中性条件可得：

$$\sum_i z_i e n_i^\infty = 0 \tag{2-26}$$

结合式(2-25)和式(2-26)可得：

$$\rho = -\frac{1}{kT}\sum_i z_i^2 e n_i^\infty e^2 \psi \tag{2-27}$$

将式(2-27)代入式(2-19)中，可得：

$$\frac{\mathrm{d}^2\psi}{\mathrm{d}x^2} = \frac{1}{\varepsilon\varepsilon_0 kT}\sum_i z_i^2 n_i^\infty e^2 \psi \tag{2-28}$$

式(2-28)即为由 Debye-Hückel 近似获得的线性 Poisson-Boltzmann 方程，定义 Debye-Hückel 参数为 κ：

$$\kappa^2 = \frac{e^2}{\varepsilon\varepsilon_0 kT}\sum_i z_i^2 n_i^\infty \tag{2-29}$$

则式(2-28)可改写为：

$$\frac{d^2\psi}{dx^2} = \kappa^2\psi \tag{2-30}$$

求解式(2-30)的两种边界条件为：

(1)当 $x\to d$ 时，$\psi\to\psi_d$，d 是斯特恩层的厚度。

(2)当 $x\to\infty$ 时，$\psi\to0$。

对第(2)种条件解为：

$$\psi = \psi_d\exp\left[-\kappa(x-d)\right] \tag{2-31}$$

式(2-31)表明电势 ψ 随着距离 x 的增加呈指数衰减，Debye-Hückel 参数 κ 的单位为 m^{-1}，其倒数 $1/\kappa$ 称为德拜长度，计算公式为：

$$\kappa^{-1} = \left[\frac{N_A e^2}{\varepsilon\varepsilon_0 kT}\sum_i z_i^2 c_i^\infty\right]^{-1/2} \tag{2-32}$$

本章研究的 NaCl、KCl、CaCl$_2$ 等均为水溶液，设定温度 25℃，式中除价态 z_i 与浓度 c_i，其余各项均为定值，对于特定的无机盐溶液，其价态可确定，因此可计算出浓度与德拜长度间的关系，计算的浓度范围设定为 0.0001~100 mmol/L，具体参数与值见表2-17。

表2-17 德拜长度计算参数表

参数	数值	单位
阿伏伽德罗常数 N_A	6.02×10^{23}	mol^{-1}
元电荷 e	1.60×10^{-19}	C
水的相对介电常数 ε	78.50	—
真空介电常数 ε_0	8.85×10^{-12}	$C^2/(N\cdot m^2)$
玻尔兹曼常数 K	1.38×10^{-23}	$N\cdot m/K$
温度 T	298.00	K
价态 z_i	1~3	
浓度 c_i	0.0001~100	mmol/L

图2-24为计算得到的不同价态无机盐溶液浓度与德拜长度的关系，由图2-24可知，随着溶液浓度增加，德拜长度大幅降低，对于一价的 NaCl 或 KCl 溶液，当浓度由 0.1 mmol/L 增加到 10 mmol/L 时，德拜长度由 30.41 nm 降到 3.04 nm，二价的 CaCl$_2$ 或 MgCl$_2$ 溶液由 17.55 nm 降到 1.75 nm，而三价的 FeCl$_3$ 或 AlCl$_3$ 溶液由 12.41 nm 降到 1.24 nm，表明无机盐价态越高、浓度越高，溶液中颗粒表面

的扩散层和双电层厚度越薄。

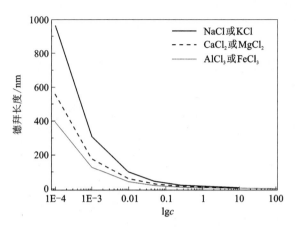

图 2-24 无机盐浓度与德拜长度的关系

无机盐溶液中颗粒的两颗粒间的静电斥能同时与颗粒电势和双电层厚度以及颗粒间距离有关,斯特恩面的电势很难直接测量,但是由于滑移面与斯特恩面较为接近,通常可用 Zeta 电位 ξ 近似表示斯特恩面的电势,对于半径为 R 的两个颗粒间的静电作用能计算公式为:

$$V_e = 0.5\pi\varepsilon\varepsilon_0 R\xi^2 \ln(1+e^{\kappa l}) \quad (2-33)$$

由式(2-33)可推断出静电斥能与电位 ξ 的绝对值和德拜长度 $1/\kappa$ 呈正相关关系,与颗粒间距离 l 呈负相关关系:

电位 $\xi\uparrow$

德拜长度 $1/\kappa\uparrow$ ⇒静电斥能 $V_e\uparrow$

距离 $l\downarrow$

在颗粒间距离 l 一定的情况下,静电斥能只与电位和德拜长度有关,对于同一种无机盐环境,电位和德拜长度均与无机盐浓度有关,计算表明德拜长度随着浓度的增加而降低(负相关关系),而无机盐浓度对电位的影响分为两种情况:

(1)低价无机盐溶液中(一价 Na^+、K^+ 和二价 Ca^{2+}、Mg^{2+} 等),随着溶液中无机盐离子浓度的增加,煤泥颗粒电位由高负电性向零点方向靠近,但不会变正,即电位随着浓度的增加而降低(负相关关系),图 2-25 为本章研究的浓度范围内一价和二价无机盐溶液对碳表面 Zeta 电位的影响,由图可知,碳表面为高负电性,在溶液中,会吸附溶液中的正电荷离子,比如 NaCl 溶液中是 Na^+,$CaCl_2$ 溶液中是 Ca^{2+} 和少量 $CaCl^+$,随着溶液中离子浓度的增加,其吸附的正电荷离子数量增加,正电荷的增加,会中和碳表面的负电荷,对应的滑移层处的 Zeta 电位向零点方向靠近，但一价和二价无机盐溶液很难完全屏蔽掉碳表面的负电荷，使 zeta 电位变正，这与无机盐对煤泥颗粒电位的影响规律一致，因此浓度增大会同时导致德拜长度和电位降低，进而导致颗粒间静电斥能减小，有利于颗粒凝聚。

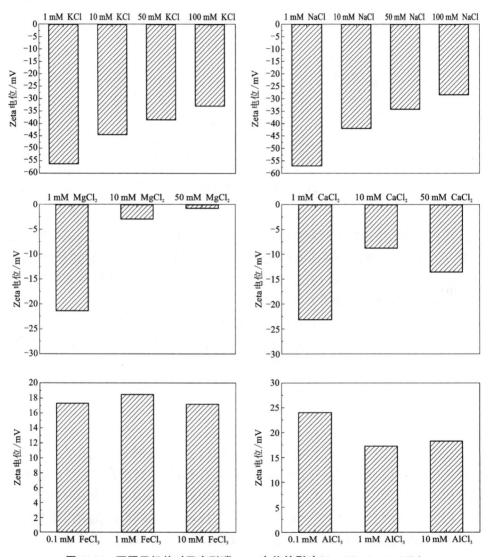

图 2-25　不同无机盐对无定形碳 Zeta 电位的影响(1 mM=1 mmol/L)

（2）在实际煤泥水处理中和先前研究中也发现存在另一种情况：高价盐环境（Fe 盐或 Al 盐）下的一种特殊现象——电荷倒置，也称电荷反转，即随着高价盐浓度的增加，煤泥颗粒电位先由高负电性向零点靠近，之后变正。图 2-25 表明，本章研究的三价无机盐浓度范围内，碳表面 Zeta 电位均变正，在 $AlCl_3$ 溶液中，碳表面会吸附溶液中的正电荷离子（以 Al^{3+} 为主，以及少量 $AlOH^{2+}$ 及 $Al(OH)_2^+$ 等），0.1 mmol/L 的 $AlCl_3$ 溶液中的正电离子就可以完全中和或屏蔽掉碳表面的负电荷，过量的正电荷使得表面呈现出正的 Zeta 电位，通常 0.05 mmol/L 左右 $FeCl_3$ 或 $AlCl_3$ 条件下，煤泥颗粒电位接近零点，因此电荷倒置现象的存在会使得三价盐浓度的升高对颗粒间静电斥能的影响与低价盐有区别。

　　结合测定的无定形碳的电位数据和文献报道的煤泥颗粒的 zeta 电位数据，以及计算的德拜长度对不同无机盐环境下的球形颗粒间静电斥能变化趋势进行了计算，图 2-26 表明，对于一价 NaCl/KCl 溶液和二价 $CaCl_2$/$MgCl_2$ 溶液，随着浓度的增加，离子吸附量增加，颗粒间双电层厚度（德拜长度）和电位同时导致了颗粒间静电斥能降低，从而提高了颗粒间凝聚能力；对于三价 $AlCl_3$/$FeCl_3$ 溶液，随着浓度的增加，离子吸附量增加，双电层厚度（德拜长度）降低，电位先降低再升高，导致了颗粒间静电斥能随着浓度的增加先降低后升高，使颗粒电位为零的浓度是最佳浓度，此时静电斥能最低，最有利于颗粒凝聚，因此三价无机盐环境下，凝聚效果对浓度较为敏感，在超过其最佳浓度后，凝聚效果反而恶化，而一价和二价无机盐环境下，凝聚效果对浓度的敏感性则很低，高浓度情况下，不会有明显的恶化效果。以三价无机盐的最佳浓度点为界限，低于该浓度时，三价无机盐对静电斥能的降低效果要远远优于一价和二价无机盐；高于该浓度时，随着浓度的增加，三价无机盐对静电斥能的降低效果会逐渐弱于二价无机盐。

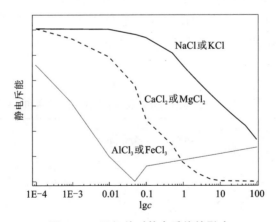

图 2-26　无机盐对静电斥能的影响

第3章 高分子药剂在碳表面吸附脱附的 QCM-D 研究

高分子药剂在煤泥颗粒表面的吸附是其发生絮凝作用前提,不同类型的高分子药剂往往表现出不同的固液分离效果,且受溶液环境因素的影响较大。本章以无定形碳为煤模型,使用 QCM-D 研究了高分子药剂在煤模型表面的吸附脱附行为及规律,以及浓度、pH、金属离子的存在对高分子药剂在煤表面吸附脱附行为的影响,进一步对高分子药剂的吸附量、吸附脱附的动力学过程和吸附层构型变化进行分析和综合讨论。

高分子药剂选用世界知名公司 BASF 公司生产的不同离子类型的高分子药剂,其成分按离子类型分别命名为聚丙烯酰胺(PAM)、阴离子聚丙烯酰胺(APAM)和阳离子聚丙烯酰胺(CPAM),具体如表 3-1 所示,这几种药剂在世界各国选煤厂和水处理行业有广泛应用,具有较好的代表性。由于高分子药剂具有黏弹性,吸附量在 Qtools 软件中使用 voigt 进行拟合计算,拟合使用的数据为 3rd、5th、7th overstones,对于特定 pH 条件下的研究,试验过程中的水和药剂溶液的 pH 均保持一致。

表 3-1 研究的高分子药剂的具体特性(来自生产厂商和文献报道)

高分子药剂商品名称	离子类型	药剂简称	电荷量	分子量	化学式
Magnafloc 5250	阴离子	APAM	中等约 30%	高	$\left[\begin{matrix} H_2 \\ C-C \\ \quad \\ C=O \\ NH_2 \end{matrix}\right]_n \left[\begin{matrix} H_2 \\ C-C \\ \quad \\ C=O \\ O^-Na^+ \end{matrix}\right]_m$

续表3-1

高分子药剂 商品名称	离子 类型	药剂 简称	电荷量	分子量	化学式
Magnafloc 351	非离子	PAM	无	高	
Zetag 8110	阳离子	CPAM	非常低 约 10%	高	

3.1　PAM 在碳表面的吸附脱附特性

3.1.1　浓度和 pH 对 PAM 吸附脱附的影响

　　图 3-1 为不同浓度 PAM(聚丙烯酰胺)溶液在碳表面的 QCM-D 测试结果,由图 3-1 可知,不同浓度的聚丙烯酰胺吸附过程中均表现为两段吸附特性,频率(f)和耗散(D)先迅速降低,然后缓慢降低,迅速降低阶段持续时间为 10 分钟左右,缓慢降低阶段持续十几个小时后仍未达到平衡,表明最初有大量的聚丙烯酰胺在短时间内吸附到了碳表面,之后随着表面有效吸附位的减少,聚丙烯酰胺的吸附速率逐渐降低,但吸附量仍在缓慢增加,这是由于聚丙烯酰胺分子可以通过范德华作用或酰胺基($CONH_2$)间的氢键作用发生分子间或分子内缔合,最先吸附至表面的聚丙烯酰胺分子层可以进一步从溶液中吸附聚丙烯酰胺分子,因此,难以达到吸附平衡。加入水清洗后,频率和耗散没有明显回升,说明聚丙烯酰胺的吸附是完全不可逆的。不同浓度 PAM 溶液对应的频率和耗散均为曲线关系,曲线斜率在逐渐增加,即随着频率的增大,耗散的增速变大,说明随着吸附量的增加聚丙烯酰胺吸附层构型发生了变化,离碳表面远的吸附层比碳表面近的吸附层结构更为松散。

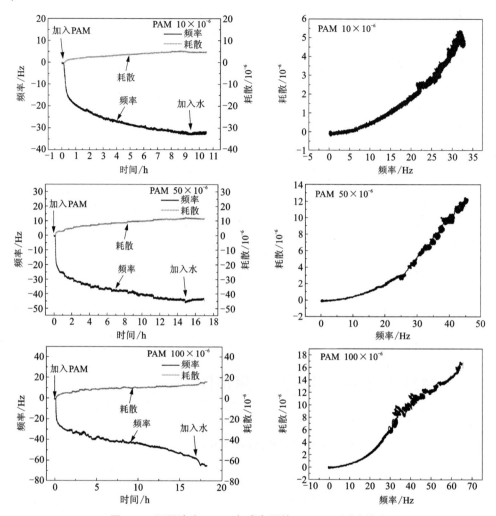

图 3-1 不同浓度 PAM 在碳表面的 QCM-D 测试结果

由于聚丙烯酰胺的吸附很难达到吸附平衡，统一对比了 8 小时内的频率和耗散变化，并以 10 ppm 的聚丙烯酰胺溶液为例，研究了 pH 对其吸附的影响，如图 3-2 所示，由图可知，随着聚丙烯酰胺浓度的升高，其频率和耗散变化速率增大，这说明，在同一吸附时间下，高浓度聚丙烯酰胺产生更大的频率降幅，获得更高的吸附量。不同时间下 PAM 的吸附量如表 3-2 所示，吸附 1 小时后，浓度 10 ppm、50 ppm 和 100 ppm 的聚丙烯酰胺溶液产生的吸附量分别为 469.5 ng/m²、632.3 ng/m² 和 686.6 ng/m²，即同一时间下，聚丙烯酰胺浓度越高，产生的吸附量越大，并且随着时间推移，吸附量在不断增加。pH 对聚丙烯酰胺的吸附影响也较为明显，由图 3-2 和表 3-2 可知，对于 10×10^{-6} 的聚丙烯酰胺，8 小时内，同一时间下，pH＝5 时的频率降低幅度比 pH＝9 时小，其中吸附 1 小时后聚丙烯酰胺在 pH＝5 和 pH＝9 时的吸附量分别为 530.9 ng/m² 和 395.2 ng/m²，这说明碱性条件不利于聚丙烯酰胺在碳表面上的吸附，这可能是由于碱性条件对酰胺基间的氢键破坏作用更大导致的，高浓度的碱性甚至可以使聚丙烯酰胺大分子降解。

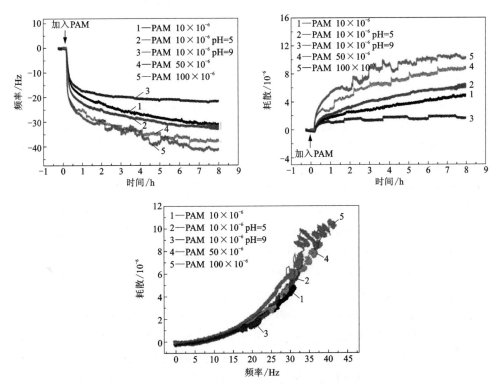

图 3-2　不同浓度和 pH 下 PAM 在碳表面的 QCM-D 测试结果对比

表 3-2　不同浓度和 pH 下 PAM 在无碳表面的吸附量

PAM 浓度 /10⁻⁶	PAM 吸附量/(ng·m⁻²)			
	1 h	3 h	5 h	8 h
10	469.5	625.0	639.0	748.0
10(pH=5)	550.9	649.5	672.3	780.6
10(pH=9)	415.2	462.2	486.6	501.0
50	632.3	812.4	883.8	891.9
100	686.6	817.8	886.5	1033.1

3.1.2 无机盐对 PAM 吸附脱附的影响

（1）NaCl 对 PAM（聚丙烯酰胺）吸附的影响

图 3-3 为不同浓度 NaCl 中，PAM 在碳表面的 QCM-D 测试结果，基线为水溶液，在浓度 10 mmol/L 的 NaCl 环境中，聚丙烯酰胺溶液加入后，频率迅速降低，在降幅达到 20 Hz 以后，频率降低的速率变慢，这说明 10 mmol/L 浓度 NaCl 环境中，大部分聚丙烯酰胺在碳表面的吸附可以在短时间内完成，之后随着时间的推移，仍有少量聚丙烯酰胺可以继续吸附至表面，加入相同浓度 NaCl 溶液进行清洗后，发现频率和耗散没有明显变化，说明在 NaCl 环境下，聚丙烯酰胺在碳表面的吸附是不可逆的，加入水清洗后，发现频率有小幅度升高，耗散降低，说明有一些聚丙烯酰胺从表面脱附了，但脱附量很小；浓度 10 mmol/L 的 NaCl 环境下，聚丙烯酰胺对应的频率和耗散为曲线关系，斜率逐渐增大，说明随着聚丙烯酰胺吸附量的增加，其吸附层变得越来越松散柔软。

在 50 mmol/L 的 NaCl 环境中，聚丙烯酰胺溶液加入后，频率迅速降低，在降幅达到 20 Hz 以下后，频率继续降低，但一个小时后，频率变化幅度非常小，可视为达到吸附平衡，这说明 10 mmol/L 浓度的 NaCl 环境中，大部分聚丙烯酰胺在碳表面的吸附可以在短时间达到吸附平衡，加入相同浓度 NaCl 溶液进行清洗后，发现频率和耗散没有明显变化，说明在 NaCl 环境下，聚丙烯酰胺的吸附是不可逆的，加入水清洗后，发现频率有大幅提高，耗散有明显降低，说明大量聚丙烯酰胺从表面脱附了；50 mmol/L 的 NaCl 环境下，聚丙烯酰胺对应的频率和耗散关系曲线中包括吸附和脱附过程，吸附过程中明显分为两段，第一段为 NaCl 吸附产生的，第二段为聚丙烯酰胺吸附产生的，NaCl 吸附过程的频率和耗散为直线关系，说明其吸附过程中，吸附层构型没有发生明显变化，这与第二章的研究结果相同，聚丙烯酰胺吸附过程的频率和耗散为上升曲线关系，说明其吸附过程中，随着吸附量的增加，吸附层变得松散。

在浓度 100 mmol/L 的 NaCl 环境中，聚丙烯酰胺的吸附情况与 50 mmol/L 的 NaCl 环境下相似，但聚丙烯酰胺更容易达到吸附平衡，且加入水清洗后，频率的回升幅度更大，表明 NaCl 溶液浓度越高，聚丙烯酰胺吸附越不稳定，容易脱附。在 500 mmol/L 的高浓度 NaCl 环境中，聚丙烯酰胺溶液加入后，频率先快速下降，然后随着时间推移，其频率有缓慢增加的趋势，说明此时聚丙烯酰胺的吸附不稳定，在最初吸附后，有一部分聚丙烯酰胺分子从碳表面自发脱附，加入 NaCl 清洗后，频率和耗散没有明显变化，但加入水清洗后，频率和耗散均回归至基线附近，表明在高浓度 NaCl 环境中，聚丙烯酰胺分子在碳表面的吸附是可逆的。

对比了不同浓度 NaCl 环境下，聚丙烯酰胺吸附产生的频率和耗散变化，如图 3-4 和表 3-3 所示，浓度 10 mmol/L、50 mmol/L 和 100 mmol/L 的 NaCl 环境中，聚

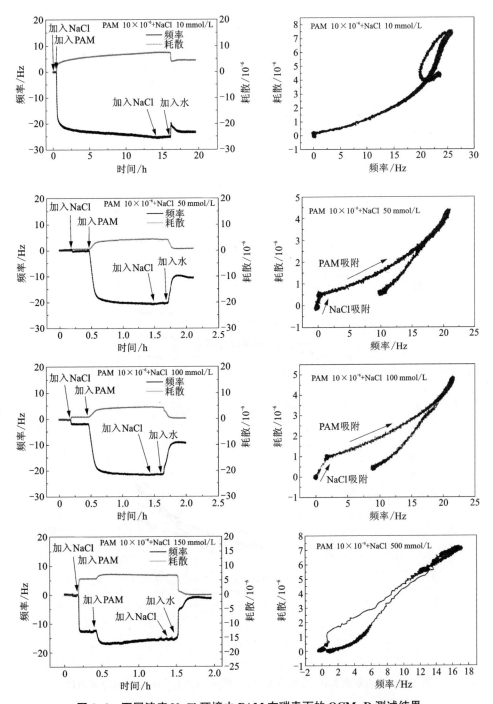

图 3-3　不同浓度 NaCl 环境中 PAM 在碳表面的 QCM-D 测试结果

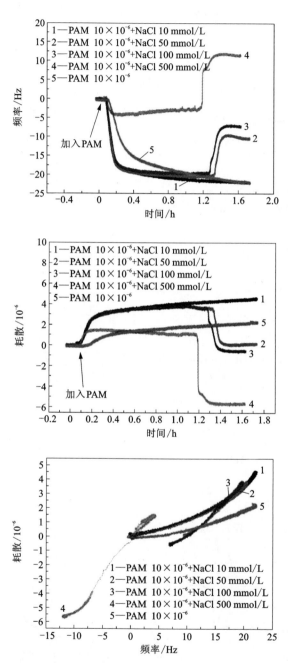

图 3-4 不同浓度 NaCl 环境中 PAM 在碳表面的 QCM-D 测试结果对比

丙烯酰胺吸附 30 min 后，频率和耗散变化差距较小，吸附量分别为 469.3 ng/m²、471.2 ng/m² 和 465.5 ng/m²，吸附 1 小时后，浓度 10 mmol/L 的 NaCl 环境中聚丙烯酰胺的吸附量为 487.7 ng/m²，略高于浓度 100 mmol/L 的 NaCl 环境中的吸附量（468.1 ng/m²），与未存在 NaCl 的环境中相比，在短时间内，NaCl 的存在可以提高聚丙烯酰胺吸附量，即增加吸附速率，但在较长时间以后，无 NaCl 环境下的聚丙烯酰胺可以获得更高的吸附量，浓度 500 mmol/L 的 NaCl 环境中，聚丙烯酰胺的吸附量要小于其他条件下，这是由于高浓度 NaCl 下，聚丙烯酰胺分子的构型受到很大影响，分子链的伸展幅度降低，桥接作用变弱导致的，从脱附情况看，NaCl 浓度越高，聚丙烯酰胺吸附越不稳定，吸附后容易脱附。由不同浓度 NaCl 环境中，聚丙烯酰胺吸附的频率和耗散关系曲线的斜率变化可知，未存在 NaCl 时，聚丙烯酰胺吸附层最为密实，浓度 10 mmol/L、50 mmol/L 和 100 mmol/L 环境中，聚丙烯酰胺吸附层的密实程度相似，浓度 500 mmol/L 的 NaCl 环境中，聚丙烯酰胺吸附层最为松散。

表 3-3 不同浓度 NaCl 环境中 PAM 在碳表面的吸附量

NaCl 浓度/(mmol · L⁻¹)	PAM 吸附量/(ng · m⁻²)	
	30 min	1 h
0	354.4	469.5
10	469.3	487.7
50	471.2	471.5
100	465.5	468.1
500	63.8	14.9

（2）CaCl₂ 对 PAM（聚丙烯酰胺）吸附的影响

图 3-5 为不同浓度 CaCl₂ 环境中 PAM 在碳表面的 QCM-D 测试结果，试验时间均在 10 小时以上，由图可知，在不同浓度 CaCl₂ 环境中，聚丙烯酰胺溶液加入后，频率均迅速下降，耗散迅速增加，4 小时后，频率和耗散的变化幅度已经非常小，说明聚丙烯酰胺的吸附增加量非常小，几乎已经达到吸附平衡，加入 CaCl₂ 清洗后，频率和耗散没有明显变化，说明聚丙烯酰胺在 CaCl₂ 环境中的吸附是不可逆的，加入水清洗后，频率有一定回升，耗散向基线靠近，从变动幅度来看脱附的主要是 CaCl₂，大量聚丙烯酰胺留在了碳表面；由频率和耗散关系曲线可知，在 CaCl₂ 环境中，随着聚丙烯酰胺吸附量的增加，其吸附层密实程度降低，CaCl₂ 吸附阶段的斜率高于聚丙烯酰胺吸附阶段的斜率，说明聚丙烯酰胺吸附层比

CaCl$_2$ 产生的吸附层密实。

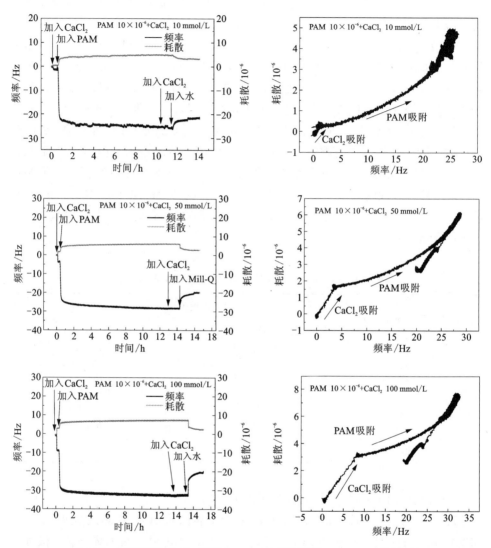

图 3-5　不同浓度 CaCl$_2$ 环境中 PAM 在碳表面的 QCM-D 测试结果

对比了不同浓度 CaCl$_2$ 环境中 PAM 在碳表面的 QCM-D 测试结果，并以 50 mmol/L 浓度为例，研究了 CaCl$_2$ 环境中，pH 的改变对聚丙烯酰胺吸附的影响，如图 3-6 和表 3-4 所示，吸附时间 2 小时内，CaCl$_2$ 环境中，聚丙烯酰胺的吸附量高于无 CaCl$_2$ 环境中聚丙烯酰胺的吸附量，说明 CaCl$_2$ 的存在可以在短时间内促进聚丙烯酰胺的吸附，同时聚丙烯酰胺容易达到吸附平衡，而没有 CaCl$_2$ 存

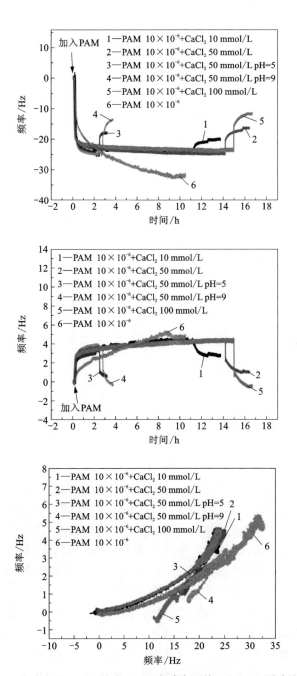

图 3-6　不同浓度 CaCl₂ 环境中 PAM 在碳表面的 QCM-D 测试结果对比

在的环境中,聚丙烯酰胺的吸附量可以一直增加,在 2 小时后,没有 CaCl₂ 存在的环境中聚丙烯酰胺吸附量高于有 CaCl₂ 存在的情况,不同 CaCl₂ 浓度下,聚丙烯酰胺吸附量的变化相近,在所研究的 CaCl₂ 浓度范围内(10 ~ 100 mmol/L),CaCl₂ 浓度的变化对聚丙烯酰胺的吸附影响较小。在 CaCl₂ 浓度 50 mmol/L 的环境中,pH=5 和 pH=9 时获得的聚丙烯酰胺的吸附曲线的频率和耗散变化相近,吸附量分别为 593.3 ng/m² 和 606.9 ng/m²,表明 pH 对 CaCl₂ 环境中聚丙烯酰胺吸附量的影响较小。根据频率和耗散关系曲线的斜率变化情况可知无 CaCl₂ 存在的环境中和 pH=9 的情况下,聚丙烯酰胺的吸附层较为密实,其他 CaCl₂ 环境中形成的聚丙烯酰胺吸附层较为松散。

表 3-4 不同浓度 CaCl₂ 环境中 PAM 在碳表面的吸附量

$c(CaCl_2)/(mmol \cdot L^{-1})$	PAM 吸附量/$(ng \cdot m^{-2})$	
	1 h	8 h
0	469.5	748.0
10	547.2	560.7
50	560.7	574.3
50(pH=5)	593.3	—
50(pH=9)	606.9	—
100	549.9	563.5

(3)AlCl₃ 对 PAM(聚丙烯酰胺)吸附的影响

图 3-7 为不同浓度 AlCl₃ 环境中,PAM 在碳表面的 QCM-D 测试结果,不同浓度 AlCl₃ 环境中,聚丙烯酰胺加入后,频率均快速降低,然后慢慢趋于平衡,加入 AlCl₃ 清洗后,频率和耗散均无明显变化,表明聚丙烯酰胺在 AlCl₃ 环境中的吸附是不可逆的,加入清水脱附后,频率和耗散的变化向基线靠近,由其变化幅度可知,脱附的应该是最初吸附至表面的 AlCl₃,大量聚丙烯酰胺留在了碳表面。频率和耗散关系曲线中,AlCl₃ 吸附过程为直线,表明吸附过程中,AlCl₃ 产生的吸附层构型没有发生变化,聚丙烯酰胺吸附过程为曲线,斜率逐渐增大,表明聚丙烯酰胺吸附层逐渐变松散,AlCl₃ 吸附部分的曲线斜率大于聚丙烯酰胺吸附过程的曲线斜率,说明聚丙烯酰胺的吸附层要比 AlCl₃ 的吸附层密实。

图 3-8 和表 3-5 为不同浓度 AlCl₃ 环境中 PAM 在碳表面的 QCM-D 测试结果对比,结果表明 AlCl₃ 的存在可以在短时间提高聚丙烯酰胺的吸附量,在低浓度 AlCl₃ 环境中效果更为明显。由相应的频率和耗散关系可知,不同浓度 AlCl₃

环境中，聚丙烯酰胺吸附层的密实程度相近，略比无 $AlCl_3$ 环境中的聚丙烯酰胺吸附层松散。

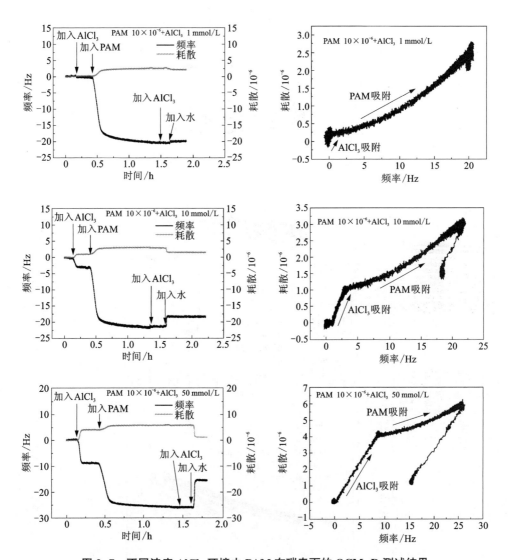

图 3-7　不同浓度 $AlCl_3$ 环境中 PAM 在碳表面的 QCM-D 测试结果

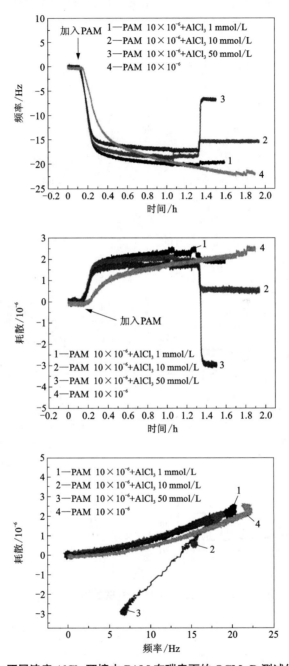

图 3-8 不同浓度 AlCl₃ 环境中 PAM 在碳表面的 QCM-D 测试结果对比

表 3-5　不同浓度 AlCl₃ 环境中 PAM 在碳表面的吸附量

$c(AlCl_3)/(mmol \cdot L^{-1})$	PAM 吸附量/$(ng \cdot m^{-2})$	
	30 min	1 h
0	354.4	469.5
1	410.3	469.1
10	391.6	408.5
50	349.9	362.2

（4）不同无机盐环境中 PAM（聚丙烯酰胺）的吸附对比

图 3-9 和表 3-6 为浓度 50 mmol/L 的不同无机盐环境中 PAM 在碳表面的 QCM-D 测试结果对比，结果表明，在 30 min 以内，不同无机盐环境中，频率的降低幅度均有增加，说明在短时内，不同无机盐的存在均能提高聚丙烯酰胺在碳表面上的吸附，其中 CaCl₂ 环境中，短时间内，最容易提高聚丙烯酰胺的吸附量，其次为 MgCl₂ 和 NaCl，AlCl₃ 的促进作用最弱。较长吸附时间下，AlCl₃ 明显不利于聚丙烯酰胺在碳表面上的吸附，这可能是由于其浓度太高导致的。浓度 50 mmol/L 的不同无机盐环境中，聚丙烯酰胺吸附的频率和耗散关系曲线中，根据斜率变化可知，未存在无机盐条件下的斜率最低，说明此时聚丙烯酰胺吸附层最密实，NaCl 环境中的斜率最高，说明聚丙烯酰胺吸附层最松散，CaCl₂、MgCl₂ 和 AlCl₃ 环境中的聚丙烯酰胺吸附层密实程度相近。

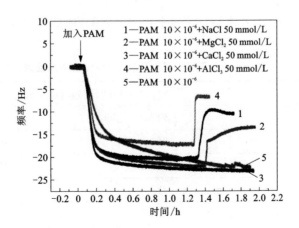

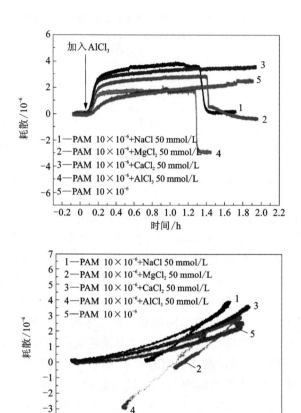

图 3-9　50 mmol/L 不同无机盐环境中 PAM 在碳表面的 QCM-D 测试结果对比

表 3-6　50 mmol/L 不同无机盐环境中 PAM 在碳表面的吸附量

无机盐类型	PAM 吸附量/(ng · m^{-2})	
	30 min	1 h
0	354.4	469.5
NaCl	471.2	471.5
MgCl$_2$	473.9	551.3
CaCl$_2$	503.7	560.7
AlCl$_3$	349.9	362.2

3.2 APAM 在碳表面的吸附脱附特性

3.2.1 浓度和 pH 对 APAM 吸附脱附的影响

图 3-10 为不同浓度 APAM(阴离子聚丙烯酰胺)在碳表面的 QCM-D 测试结果。由图可知,在浓度 10 ppm 的情况下,阴离子聚丙烯酰胺加入后,频率降低值极小,耗散未发生明显变化,且曲线没有对应的快速下降阶段,说明其吸附是极弱的,在浓度 50 ppm 和 100 ppm 的情况下,频率和耗散几乎没有变化,总体而言,阴离子聚丙烯酰胺与碳表面的作用极弱,几乎不能发生吸附行为,这是由于碳表面为高负电性,阴离子聚丙烯酰胺分子链携带负电荷(COO^-),电性相斥导致的。

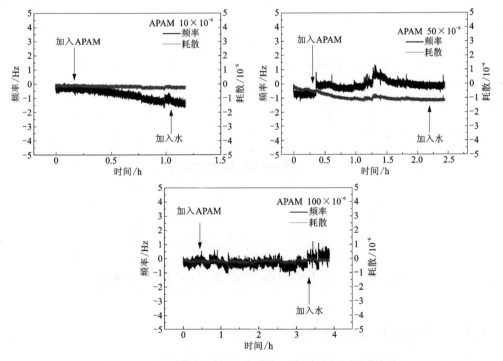

图 3-10 不同浓度 APAM 在碳表面的 QCM-D 测试结果

以 10 ppm 浓度的阴离子聚丙烯为例研究了 pH 对其吸附的影响,如图 3-11 所示,由图可知,在 pH=5 时,阴离子聚丙烯酰胺吸附后,频率和耗散几乎没有变化，说明没有发生吸附行为，在 pH=9 时，频率和耗散有一些变化，表明可能发生了一些吸附行为，但频率和耗散的变化幅度非常小，说明即使有吸附行为，阴离子聚丙烯酰胺的吸附量也是极低的。总体而言，碱性条件略有利于阴离子聚丙烯酰胺在碳表面的吸附，但 pH 的改变并不能明显提高阴离子聚丙烯酰胺在碳上的吸附量。

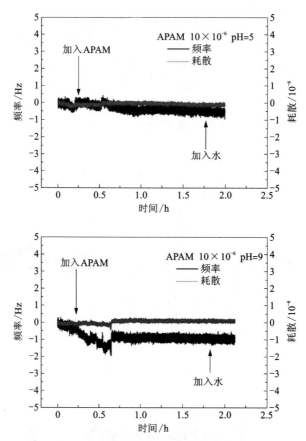

图 3-11　不同 pH 下 APAM 在碳表面的 QCM-D 测试结果

3.2.2　无机盐对 APAM 吸附脱附的影响

（1）NaCl 对 APAM（阴离子聚丙烯酰胺）吸附的影响

图 3-12 为不同浓度 NaCl 环境中，APAM 在碳表面的 QCM-D 测试结果，由图可知，在 10 mmol/L 和 50 mmol/L 的 NaCl 环境中，阴离子聚丙烯酰胺加入后，并没有引起频率和耗散的明显变化，说明阴离子聚丙烯酰胺没在碳表面发生吸

附；加入水清洗后，频率和耗散均回归至零点，这是由于 NaCl 的脱附引起的。

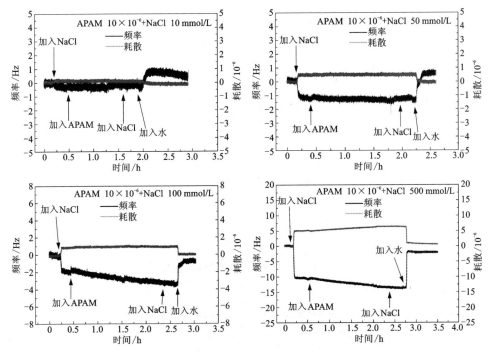

图 3-12　不同浓度 NaCl 环境中 APAM 在碳表面的 QCM-D 测试结果

在浓度 100 mmol/L 的 NaCl 环境中，加入阴离子聚丙烯酰胺后，频率有少许下降，2 小时后，频率降低 2 Hz 左右，耗散增幅不明显，说明阴离子聚丙烯酰胺开始在碳表面吸附，但吸附速率极低，吸附量很小，加入 NaCl 清洗后，频率和耗散没有明显变化，说明阴离子聚丙烯酰胺未脱附，加入水清洗后，频率和耗散回归至基线附近，说明 NaCl 已从表面脱附，阴离子聚丙烯酰胺在表面有极小量的残留。

在浓度 500 mmol/L 的 NaCl 环境中，加入阴离子聚丙烯酰胺后，频率有了稍微明显的下降趋势，在 2 小时后，频率降低 3.5 左右，耗散有所增加，说明阴离子聚丙烯酰胺吸附到了碳表面，但吸附速率极低，加入 NaCl 清洗后，频率和耗散没有明显变化，说明阴离子聚丙烯酰胺未脱附，加入水清洗后，频率和耗散回归至基线附近，但与基线有一丝距离，说明 NaCl 已从表面脱附，阴离子聚丙烯酰胺在表面有极小量的残留。

图 3-13 为不同浓度 NaCl 环境中 APAM 在碳表面的 QCM-D 测试结果对比，结果表明，NaCl 溶液很难促进阴离子聚丙烯酰胺在碳表面的吸附，仅在 500 mmol/L 的高浓度下可表现出微弱的促进作用，但吸附效率和吸附量极低。

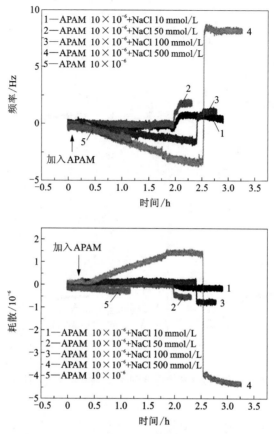

图 3-13　不同浓度 NaCl 环境中 APAM 在碳表面的 QCM-D 测试结果对比

（2）CaCl₂ 对 APAM（阴离子聚丙烯酰胺）吸附的影响

图 3-14 为不同浓度 CaCl₂ 环境中，APAM 在碳表面的 QCM-D 测试结果，由图可知，在浓度 10 mmol/L 的 CaCl₂ 环境中，APAM 加入后，频率发生了快速降低和慢速降低两段变化，吸附作用 10 小时后，频率仍有继续减小的趋势，说明 10 mmol/L 浓度的 CaCl₂ 环境中，阴离子聚丙烯酰胺与不定型表面接触后，立刻有大量阴离子聚丙烯酰胺发生了吸附行为，之后随着时间推移，溶液中仍有阴离子聚丙烯酰胺慢慢吸附至表面，加入相同浓度 CaCl₂ 溶液清洗后，频率有小幅度升高，表明有少量阴离子聚丙烯酰胺从碳表面脱附，加入水清洗后，频率有了大幅度的增加，回升至基线附近，表明大量阴离子聚丙烯酰胺已从碳表面脱附，而耗散变化较为特殊，加入水清洗后，随着频率的回升，耗散先迅速增加较大幅度然后缓慢下降，这说明吸附层构型发生了迅速变松散然后变密实的过程，由此可

知, 在脱附过程中, 水先使碳表面的阴离子聚丙烯酰胺吸附层变得松散, 然后使其逐渐从表面脱附的。浓度 10 mmol/L 的 CaCl₂ 环境, 频率和耗散的关系曲线中, 阴离子聚丙烯酰胺吸附过程, 曲线斜率先增加然后减小, 说明随着阴离子聚丙烯酰胺吸附量的增加, 其吸附层先变松散然后变得密实。

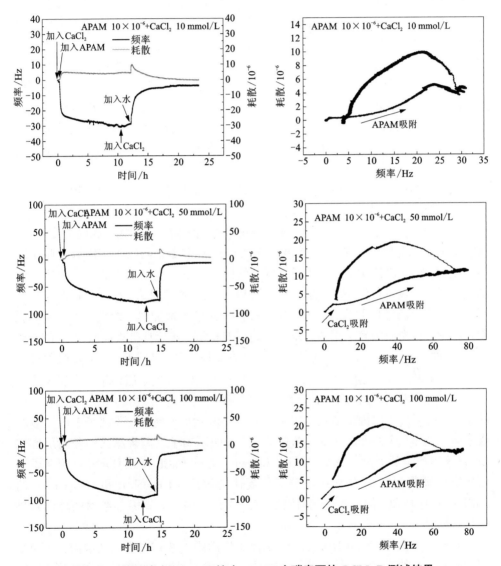

图 3-14　不同浓度 CaCl₂ 环境中 APAM 在碳表面的 QCM-D 测试结果

单独阴离子聚丙烯酰胺很难在碳表面发生吸附, NaCl 环境中, 阴离子聚丙烯酰胺仅在 NaCl 达到 100 mmol/L 甚至 500 mmol/L 的浓度下，才表现出微弱的吸附作用。但仅在浓度 10 mmol/L 的 $CaCl_2$ 环境中，阴离子聚丙烯酰胺就表现出了非常明显的吸附行为，由第二章可知，$CaCl_2$ 溶液很容易在碳表面发生吸附行为，且 $CaCl_2$ 溶液中主要阳离子成分为 Ca^{2+} 和少量 CaI^+ 离子，因此可以判断，$CaCl_2$ 溶液中阴离子聚丙烯酰胺的吸附行为是由于正电性 Ca^{2+}（可能包括少量 CaI^+）在负电性碳表面和负电性的阴离子聚丙烯酰胺分子链间起到了桥接作用，随着阴离子聚丙烯酰胺吸附量的增加，碳表面有效吸附位减少，第一层阴离子聚丙烯酰胺吸附层形成，且较为密实，覆盖了碳表面，而阴离子聚丙烯酰胺吸附层上的阴离子官能团可以进一步从溶液中吸附一层 Ca^{2+}，Ca^{2+} 可以继续从溶液中吸附阴离子聚丙烯酰胺，这时形成的吸附层较为松散，由此往复，阴离子聚丙烯酰胺在碳表面即使经历十几个小时也很难达到吸附平衡，且随着吸附量的增加和时间的推移，其吸附层又变得更加密实。这些变化规律，在浓度 50 mmol/L 和 100 mmol/L 的 $CaCl_2$ 环境中表现得更加明显。

在浓度 50 mmol/L 的 $CaCl_2$ 环境中，阴离子聚丙烯酰胺加入后，频率同样经历了快速降低和慢速降低两个阶段，但与 $CaCl_2$ 浓度为 10 mmol/L 情况下相比，频率降低幅度更大，表明吸附量增加，但更难达到吸附平衡，加入相同浓度 $CaCl_2$ 溶液清洗后，频率有一些回升，但幅度较小，表明有少量阴离子聚丙烯酰胺从碳表面脱附，加入水清洗后，频率回升到基线附近，表明有大量阴离子聚丙烯酰胺从表面脱附，残留量较小，这是由于水可以使 Ca^{2+} 离子脱附，Ca^{2+} 的脱附导致了阴离子聚丙烯酰胺的脱附，在脱附过程中耗散先迅速增加然后缓慢减小，说明脱附过程中，水先使阴离子聚丙烯酰胺吸附层变松散，然后从碳表面脱附。浓度 50 mmol/L 的 $CaCl_2$ 环境中对应的频率和耗散关系曲线中，可以看到 $CaCl_2$ 吸附过程中的频率和耗散关系为直线，表明 Ca^{2+} 吸附过程中，其吸附层构型没有发生明显变化，阴离子聚丙烯酰胺吸附过程中，频率和耗散关系为曲线，斜率先增加，后减小，表明阴离子聚丙烯酰胺的吸附层先变松散然后变密实，阴离子聚丙烯酰胺吸附阶段的整体斜率低于 $CaCl_2$ 吸附阶段，表明阴离子聚丙烯酰胺的吸附层要比 $CaCl_2$ 溶液产生的吸附层密实。浓度 100 mmol/L 的 $CaCl_2$ 溶液环境中，阴离子聚丙烯酰胺吸附过程的频率和耗散变化规律与浓度 10 mmol/L 和 50 mmol/L 的 $CaCl_2$ 环境中相似，但更难达到吸附平衡，即使在 10 个小时后，频率的降低趋势仍然很明显。

对比了不同浓度 $CaCl_2$ 环境中，阴离子聚丙烯酰胺在碳表面的吸附，并为浓度 50 mmol/L 的 $CaCl_2$ 环境为例，研究了 pH 对阴离子聚丙烯酰胺吸附的影响，如图 3-15 和表 3-7 所示，结果表明，$CaCl_2$ 可以极大促进阴离子聚丙烯酰胺在碳表面的吸附，且随着 $CaCl_2$ 浓度的增加，吸附速率和吸附量的增加很明显。在 pH 的影响方面，虽然测试的吸附时间仅为两小时，但可以从图中看到，pH = 9 时的频率降低幅度要比 pH=5 时的大，说明碱性 $CaCl_2$ 环境要比酸性 $CaCl_2$ 环境更加有利于阴离子聚丙烯酰胺的吸附。

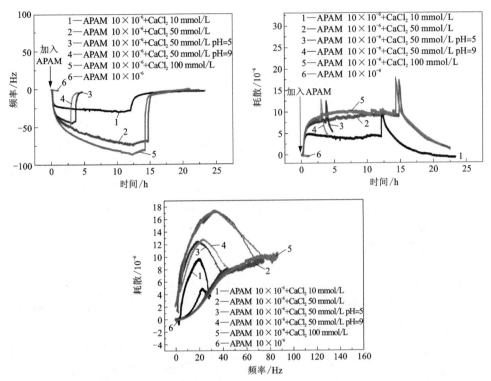

图 3-15　不同浓度 $CaCl_2$ 和 pH 环境中 APAM 在碳表面的 QCM-D 结果对比

表 3-7　不同浓度 $CaCl_2$ 和 pH 环境中 APAM 在碳表面的吸附量

$c(CaCl_2)$ /(mmol·L^{-1})	APAM 吸附量/(ng·m^{-2})		
	1 h	5 h	8 h
0	0~15	0~15	0~15
10	503.7	612.3	666.614
50	965.2	1453.8	1684.6
50 pH=5	883.8	—	—
50 pH=9	1019.5	—	—
100	1073.8	1725.3	1969.6

进一步以浓度 10 mmol/L 的 CaCl₂ 环境为例, 对比了顺序加药和同时加药两种加药方式下, APAM 的吸附情况, 如图 3-16 所示, 黑线为顺序加药情况, 先通入 CaCl₂ 溶液建立基线, 然后通入相同浓度 CaCl₂ 溶液配制的阴离子聚丙烯酰胺, 从而研究阴离子聚丙烯酰胺的吸附情况, 这一种情况可以避免 CaCl₂ 吸附对结果分析产生的影响, 因为 CaCl₂ 的吸附已经达到饱和, 频率和耗散的变化如果发生变化, 就是由体系中引入的阴离子聚丙烯酰胺引起的。另外, 这一种情况也与实际中工业生产的煤泥水体系较为相似, 煤泥水中往往水质较硬, 离子含量较高, 离子在煤泥颗粒表面已经达到了吸附平衡, 加入高分子药剂进行处理时, 高分子药剂在复杂的离子环境中跟煤泥颗粒发生了接触和吸附。图 3-16 中细线为同时加药情况, 未预先通入 CaCl₂ 溶液, 直接通入了以浓度 10 mmol/L 的 CaCl₂ 溶液配制的阴离子聚丙烯酰胺溶液。由图可知, 两种加药方式下, 频率和耗散总的变化幅度和趋势一致, 说明加药方式不会明显影响阴离子聚丙烯酰胺的吸附速率和吸附量, 但频率和耗散表现出波浪形, 这说明吸附和脱附行为同时存在, 这可能是由于同时加药方式下, 表面出现了 Ca²⁺ 和阴离子聚丙烯酰胺竞争的吸附行为, 吸附情况更加复杂导致的。

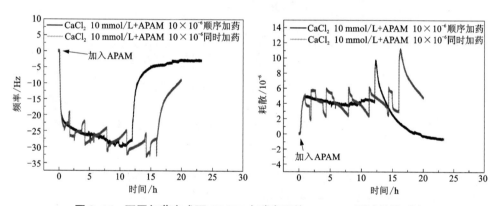

图 3-16　不同加药方式下 APAM 在碳表面的 QCM-D 测试结果对比

(3) AlCl₃ 对 APAM(阴离子聚丙烯酰胺)吸附的影响

图 3-17 为不同浓度 AlCl₃ 环境中, APAM 在碳表面的 QCM-D 测试结果, 由图可知, 在浓度 1 mmol/L 的 AlCl₃ 环境中, 阴离子聚丙烯酰胺加入后, 频率慢速降低, 表明阴离子聚丙烯酰胺在碳表面发生了吸附, 但 5 小时后, 仍未达到吸附平衡, 表明吸附量在持续增加, 加入相同浓度 AlCl₃ 清洗后, 频率未有明显变化, 表明在 AlCl₃ 环境中, 阴离子聚丙烯酰胺的吸附是不可逆的, 加入水清洗后, 频率的变化仍然较小, 表明浓度 1 mmol/L 的 AlCl₃ 环境中, 阴离子聚丙烯酰胺与碳表面的作用极强。浓度 1 mmol/L 的 AlCl₃ 环境中, 阴离子聚丙烯酰胺吸附阶段对应

的频率和耗散关系为曲线，斜率逐渐降低，表明随着频率的变化，耗散的变化幅度减弱，随着阴离子聚丙烯酰胺吸附量的增加，吸附层变得更加密实。由第三章计算可知，在 $AlCl_3$ 溶液中，主要存在的阳离子成分为 Al^{3+}、$AlOH^{2+}$、和 $Al(OH)_2^+$ 等，并且这些阳离子与负电性的碳表面和负电性的阴离子聚丙烯的作用都较强，因此可将阴离子聚丙烯酰胺和碳表面桥联，并且吸附后较难脱附，与 $CaCl_2$ 环境相比，在 1 mmol/L 的低浓度的 $AlCl_3$ 环境下，阴离子聚丙烯酰胺的吸附量增加，但吸附速率较低。

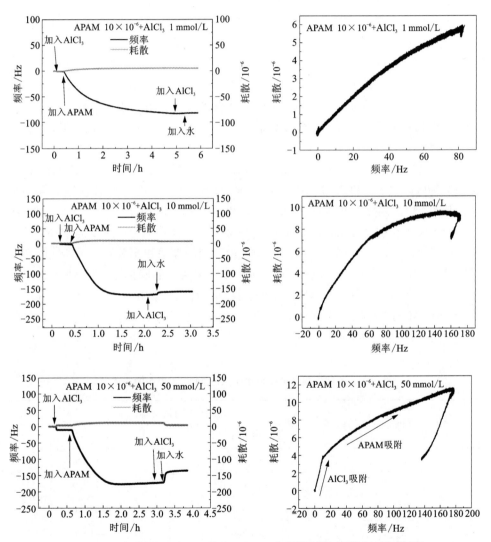

图 3-17　不同浓度 $AlCl_3$ 环境中 APAM 在碳表面的 QCM-D 测试结果

浓度 10 mmol/L 的 $AlCl_3$ 环境中，阴离子聚丙烯酰胺加入后，频率逐渐减低，在两小时后稳定，说明此时阴离子聚丙烯的吸附达到平衡，加入相同浓度 $AlCl_3$ 清洗后，频率未有明显变化，说明未发生脱附行为，加入水清洗后，频率有较小回升，结合第三章相同浓度 $AlCl_3$ 的脱附行为，此时的脱附可能以 $AlCl_3$ 为主。对应的频率和耗散关系曲线中，曲线斜率逐渐减小，说明阴离子聚丙烯酰胺吸附层变得越来越密实。

在 50 mmol/L 的高浓度 $AlCl_3$ 环境中，阴离子聚丙烯酰胺加入后，频率的变化与 10 mmol/L 浓度 $AlCl_3$ 环境下相似，但在加入水清洗后，频率的回升幅度变大，且高于 $AlCl_3$ 吸附导致的频率降低幅度，说明此时同时发生了 $AlCl_3$ 和阴离子聚丙烯酰胺的脱附。由浓度 50 mmol/L 的 $AlCl_3$ 环境中的频率和耗散关系可知，$AlCl_3$ 吸附阶段为直线，表明 $AlCl_3$ 吸附过程中，由其形成的吸附层构型没有发生变化，但斜率高于阴离子聚丙烯酰胺吸附部分，表明 $AlCl_3$ 形成的吸附层比阴离子聚丙烯酰胺形成的吸附层松散，阴离子聚丙烯酰胺吸附阶段为曲线，斜率逐渐降低，表明随着阴离子聚丙烯酰胺吸附量的增加，阴离子聚丙烯酰胺的吸附层变得越来越密实。

图 3-18 为不同浓度 $AlCl_3$ 环境中 APAM 在碳表面的 QCM-D 测试结果对比，表 3-8 为吸附量，结果表明，$AlCl_3$ 能明显提高阴离子聚丙烯酰胺在碳表面的吸附，阴离子聚丙烯酰胺在浓度 10 mmol/L 和 50 mmol/L 的 $AlCl_3$ 环境中与碳表面的作用远强于在浓度 1 mmol/L 的 $AlCl_3$ 环境中的，说明 $AlCl_3$ 浓度的增加，可以大大提高阴离子聚丙烯酰胺的吸附能力。由对应的频率和耗散的关系曲线的斜率对比可知，浓度 50 mmol/L 的 $AlCl_3$ 环境中，APAM 的吸附层最为密实，浓度 10 mmol/L 的 $AlCl_3$ 环境中，APAM 的吸附层最为松散，浓度 1 mmol/L 的 $AlCl_3$ 环境中，APAM 的吸附层密实程度介于两者之间，这可能是由于浓度 1 mmol/L 的 $AlCl_3$ 更容易水解导致的。

表 3-8　不同浓度 $AlCl_3$ 环境中 APAM 在碳表面的吸附量

$c(AlCl_3)/(mmol \cdot L^{-1})$	APAM 吸附量/$(ng \cdot m^{-2})$	
	30 min	1 h
0	0~15	0~15
1	753.5	1290.9
10	2865.4	4222.6
50	3435.4	4412.6

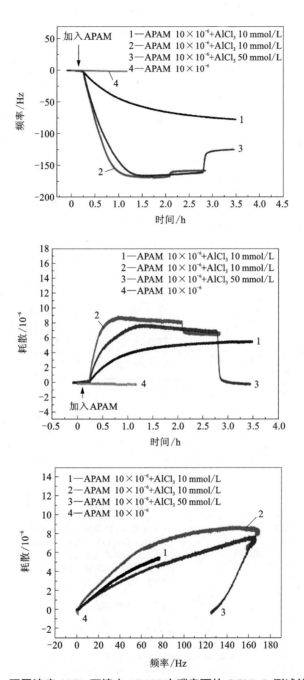

图 3-18　不同浓度 AlCl₃ 环境中 APAM 在碳表面的 QCM-D 测试结果对比

(4)不同无机盐环境中 APAM(阴离子聚丙烯酰胺)的吸附对比

对比了浓度 50 mmol/L 的 NaCl、KCl、$MgCl_2$、$CaCl_2$、$AlCl_3$ 和 $FeCl_3$ 环境中，阴离子聚丙烯酰胺在碳表面的吸附情况，如图 3-19 和表 3-9 所示，$AlCl_3$ 环境中阴离子聚丙烯酰胺的吸附量最高，30 min 时吸附量高达 3435.4 ng/m^2，其次为 $CaCl_2$ 环境和 $MgCl_2$ 环境中，30 min 后吸附量分别高达 802.3 ng/m^2 和 503.7 ng/m^2，浓度 50 mmol/L 的 NaCl、KCl 和 $FeCl_3$ 环境中，阴离子聚丙烯酰胺未与碳表面发生吸附作用，或由于作用极弱，其吸附可以忽略。NaCl 和 KCl 环境下，阴离子聚丙烯酰胺不能吸附是由于 Na^+ 和 K^+ 与碳表面和阴离子聚丙烯酰胺分子的作用都很弱，不能起到桥接作用导致的，浓度 50 mmol/L 的 $FeCl_3$ 环境下，阴离子聚丙烯酰胺不能吸附，是由于在该浓度的 $FeCl_3$ 溶液中，Fe^+ 与阴离子聚丙烯酰胺耦合作用极强，导致阴离子聚丙烯酰胺分子链不能舒展导致的，在试验过程中，甚至观察到了浅红色的 $FeCl_3$ 溶液中存在白色阴离子聚丙烯酰胺的絮状物。

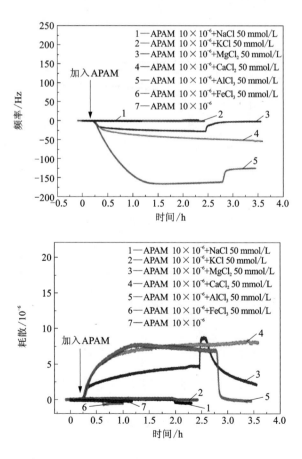

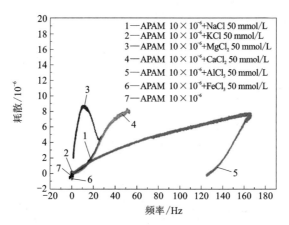

图 3-19　50 mmol/L 的不同无机盐环境中
APAM 在碳表面的 QCM-D 测试结果对比

表 3-9　浓度 50 mmol/L 的不同无机盐环境中 APAM 在碳表面的吸附量

无机盐类型	APAM 吸附量/$(ng \cdot m^{-2})$	
	30 min	1 h
0	0~15	0~15
NaCl	—	10~20
KCl	10~20	10~20
$MgCl_2$	503.7	612.3
$CaCl_2$	802.3	965.2
$FeCl_3$	10~20	10~20
$AlCl_3$	3435.4	4412.6

3.3　CPAM 在碳表面的吸附脱附特性

3.3.1　浓度和 pH 对 CPAM 吸附脱附的影响

图 3-20 为不同浓度 CPAM(阳离子聚丙烯酰胺)在碳表面的 QCM-D 测试结果,由图可知,阳离子聚丙烯酰胺的吸附与聚丙烯酰胺和阴离子聚丙烯有较大区

别，阳离子聚丙烯酰胺可以迅速达到吸附平衡，吸附所需时间较短，并且吸附量较高。浓度 10 ppm 的阳离子聚丙烯酰胺加入后，频率下降 58 Hz 左右，加入水清洗后，频率没有变化，表明吸附是不可逆的，对应的频率和耗散关系曲线中，斜率先逐渐增加，后保持不变，说明随着阳离子聚丙烯酰胺吸附量的增加，其吸附层构型先松散，然后密实程度保持不变。

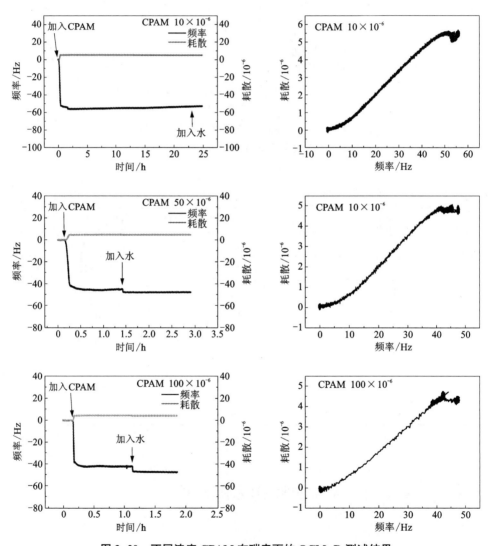

图 3-20   不同浓度 CPAM 在碳表面的 QCM-D 测试结果

浓度 50 ppm 和 100 ppm 的阳离子聚丙烯酰胺加入后，频率的变化规律相似，但加入水清洗后，频率有一些降低，说明阳离子聚丙烯酰胺的吸附量又增加了一部分，对应的频率和耗散关系曲线中，斜率先逐渐增加，后保持不变，说明吸附过程中阳离子聚丙烯酰胺吸附层先变松散，然后其密实程度保持不变。

对比了不同浓度阳离子聚丙烯酰胺在碳表面的吸附情况，并以浓度 10 ppm 的阳离子聚丙烯酰胺为例，研究了 pH 对其吸附的影响，如图 3-21 所示，表 3-10 为吸附量，由图可知，浓度 50 ppm 和 100 ppm 阳离子聚丙烯酰胺在碳表面的吸附量略低于浓度 10 mmol/L 阳离子聚丙烯酰胺的吸附量，说明低浓度更加有利于阳离子聚丙烯酰胺的吸附，吸附量显示表明，吸附 30 min 后，浓度 10 ppm、50 ppm 和 100 ppm 阳离子聚丙烯酰胺对应的吸附量分别为 1399.5 ng/m^2、1155.2 ng/m^2 和 1073.8 ng/m^2。阳离子聚丙烯酰胺在 pH=9 情况下的吸附量远远高于在 pH=5 下的，说明碱性条件更加有利于阳离子聚丙烯酰胺的吸附。

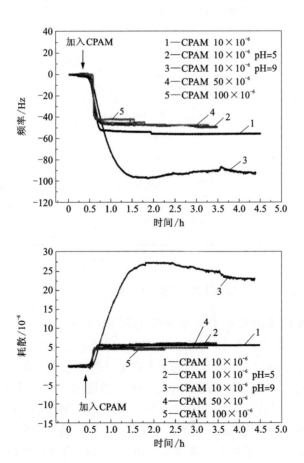

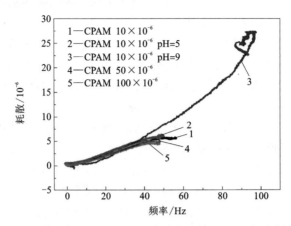

图 3-21　不同浓度和 pH 下 CPAM 在碳表面的 QCM-D 测试结果对比

表 3-10　不同浓度和 pH 下 CPAM 在碳表面的吸附量

$c(CPAM)/(mmol \cdot L^{-1})$	CPAM 吸附量/$(ng \cdot m^{-2})$	
	30 min	1 h
10	1399.5	1426.6
50	1155.2	1236.7
50(pH=5)	1209.5	1287.7
50(pH=9)	1901.7	2512.5
100	1073.8	1112.4

3.3.2　无机盐对 CPAM 吸附脱附的影响

（1）NaCl 对 CPAM（阳离子聚丙烯酰胺）吸附的影响

图 3-22 为不同浓度 NaCl 环境中，CPAM 在碳表面的 QCM-D 测试结果，由图可知，不同浓度 NaCl 环境下，阳离子聚丙烯酰胺加入后，频率逐渐降低，最后达到稳定，与无 NaCl 环境下的吸附结果相比，吸附速率有所降低，说明 NaCl 的存在会降低阳离子聚丙烯酰胺的吸附速率，加入 NaCl 清洗后，频率无明显变化，说明阳离子聚丙烯酰胺在 NaCl 环境下的吸附是不可逆的，加入水清洗后，有少量脱附，但绝大多数阳离子聚丙烯酰胺不可脱附。对应的频率和耗散关系曲线中，NaCl 吸附过程的频率和耗散呈直线关系，阳离子聚丙烯酰胺吸附过程的频率和耗散呈曲线关系，且斜率逐渐变大，说明随着阳离子聚丙烯酰胺吸附量的增加，

其吸附层逐渐变松散, 阳离子聚丙烯酰胺吸附阶段的斜率低于 NaCl 吸附阶段, 说明阳离子聚丙烯酰胺吸附层比 NaCl 溶液产生的吸附层密实。

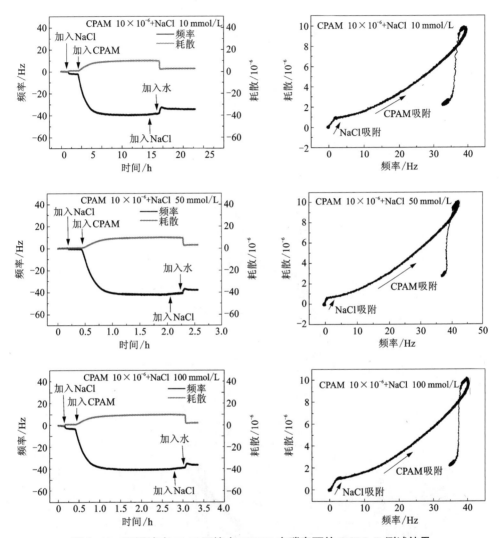

图 3-22　不同浓度 NaCl 环境中 CPAM 在碳表面的 QCM-D 测试结果

图 3-23 为不同浓度 NaCl 环境中 CPAM 在碳表面的 QCM-D 测试结果对比, 表 3-11 为吸附量, 结果表明, 不同浓度 NaCl 环境中阳离子聚丙烯酰胺的吸附量均低于无 NaCl 环境中的, 说明 NaCl 的存在可以抑制阳离子聚丙烯酰胺在碳表面的吸附, 由频率和耗散关系曲线的斜率变化可知, NaCl 环境中阳离子聚丙烯酰胺的吸附层比无 NaCl 环境中的松散。

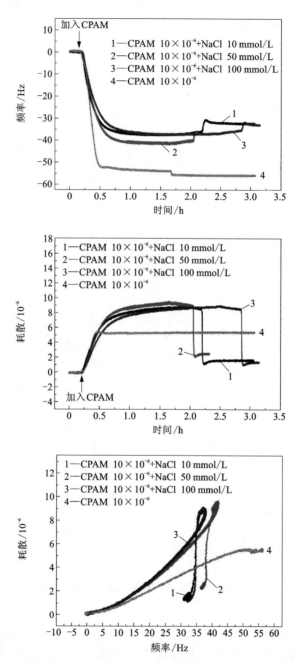

图 3-23   不同浓度 NaCl 环境中 CPAM 在碳表面的 QCM-D 测试结果对比

表 3-11　不同浓度 NaCl 环境中 CPAM 在碳表面的吸附量

$c(NaCl)/(mmol \cdot L^{-1})$	CPAM 吸附量/$(ng \cdot m^{-2})$	
	30 min	1 h
0	1399.5	1426.6
10	870.2	905.5
50	992.3	1046.6
100	829.5	897.3

（2）$CaCl_2$ 对 CPAM（阳离子聚丙烯酰胺）吸附的影响

图 3-24 为不同浓度 $CaCl_2$ 环境中，CPAM 在碳表面的 QCM-D 测试结果，由图可知，在不同 $CaCl_2$ 浓度中，阳离子聚丙烯酰胺均可产生不同的频率降低幅度，表明阳离子聚丙烯在碳表面的吸附，加入 $CaCl_2$ 清洗后，频率略有回升，表明有少量阳离子聚丙烯酰胺从表面脱附，加入水清洗后，在 $CaCl_2$ 浓度为 1 mmol/L 和 10 mmol/L 时，频率有所下降，在 $CaCl_2$ 浓度为 50 mmol/L 和 100 mmol/L 时，频率有所回升，从变化幅度来看，脱附物质主要为 $CaCl_2$。对应的频率和耗散的关系曲线中，$CaCl_2$ 吸附过程为直线，斜率较大，说明 $CaCl_2$ 产生的吸附层较为松散，阳离子聚丙烯酰胺吸附过程为曲线，斜率较低，说明阳离子聚丙烯酰胺产生的吸附层比 $CaCl_2$ 产生的吸附层密实，且随着阳离子聚丙烯酰胺吸附量的增加，其吸附层逐渐变松散。

对比不同浓度 $CaCl_2$ 环境中阳离子聚丙烯酰胺的吸附情况，并以浓度 50 mmol/L 的 $CaCl_2$ 为例，研究了 $CaCl_2$ 环境中，pH 对阳离子聚丙烯酰胺吸附的影响，如图 3-25 所示，表 3-12 为吸附量，结果表明，$CaCl_2$ 环境中，阳离子聚丙烯酰胺的吸附量降低，说明 $CaCl_2$ 的存在对阳离子聚丙烯酰胺的吸附有抑制作用，随着 $CaCl_2$ 浓度的升高，抑制作用增强，阳离子聚丙烯酰胺吸附量逐渐减少。pH = 5 和 pH = 9 时，阳离子聚丙烯酰胺吸附量相近，说明 pH 对 $CaCl_2$ 环境中聚丙烯酰胺的吸附影响较小。由频率和耗散关系曲线的斜率变化可知，短期吸附时间内，不同 $CaCl_2$ 环境中的阳离子聚丙烯酰胺吸附层的密实程度相近，长时间吸附后，随着吸附量的增加，$CaCl_2$ 环境中的阳离子聚丙烯酰胺吸附层更加松散一些。

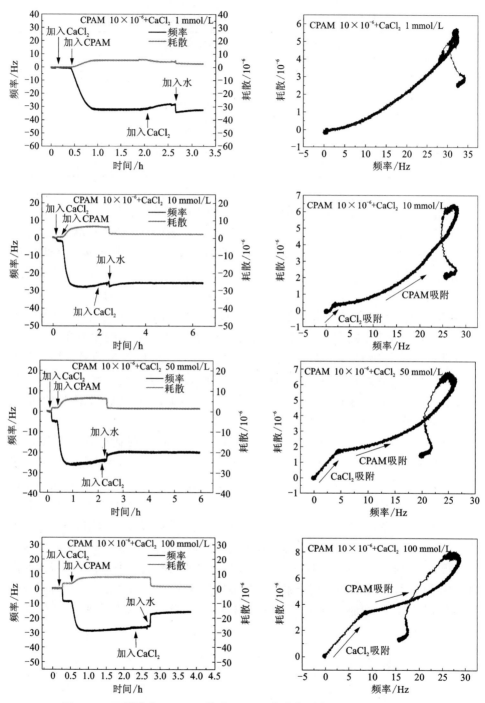

图 3-24　不同浓度 CaCl₂ 环境中 CPAM 在碳表面的 QCM-D 测试结果

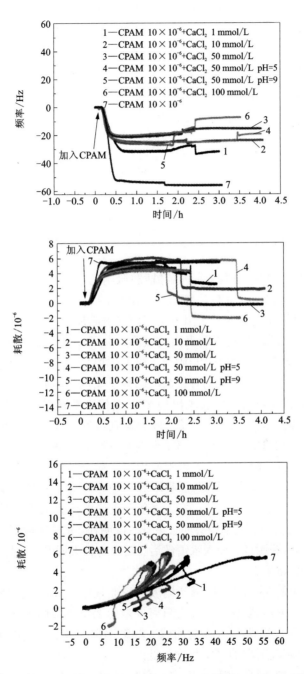

图 3-25　不同浓度 CaCl$_2$ 和 pH 环境中 CPAM 在碳表面的 QCM-D 测试结果对比

表 3-12　不同浓度 CaCl$_2$ 和 pH 环境中 CPAM 在碳表面的吸附量

$c(CaCl_2)/(mmol \cdot L^{-1})$	CPAM 吸附量/$(ng \cdot m^{-2})$	
	30 min	1 h
0	1399.5	1426.6
1	802.3	805.1
10	612.3	617.8
50	503.7	490.2
50(pH=5)	585.2	590.6
50(pH=9)	585.2	612.3
100	476.6	463.0

（3）AlCl$_3$ 对 CPAM（阳离子聚丙烯酰胺）吸附的影响

图 3-26 为不同浓度 AlCl$_3$ 环境中，CPAM 在碳表面的 QCM-D 测试结果，由图可知，不同浓度 AlCl$_3$ 环境中，阳离子聚丙烯酰胺加入后，频率均有一定幅度下降，说明阳离子聚丙烯酰胺在碳表面的吸附，由第 2 章可知，研究的 AlCl$_3$ 浓度下，碳表面的 Zeta 电位已为正，与阳离子聚丙烯酰胺分子链携带的电性相同，理论上应该相斥，但试验观察到仍有较高的阳离子聚丙烯酰胺发生了吸附，这说明不能用固体表面在无机盐环境表现出的 Zeta 电位来解释其与带电高分子链间的作用，而应该从竞争吸附角度去考虑，碳表面在纯水中表现出高负电位，当正电性 Al^{3+}、AlOH^{2+}、Al(OH)$_2^+$ 及以阳离子聚丙烯酰胺分子链存在时，其会竞争吸附至表面，并且从试验过程来看，阳离子聚丙烯酰胺分子链的吸附能力要更强，并且很难脱附，另一方面也说明，药剂吸附和颗粒絮凝并不一致，虽然高分子药剂的吸附量较高，但颗粒表面 Zeta 高电位会导致静电斥力增强，颗粒难以絮凝沉降。加入 AlCl$_3$ 清洗后，频率没有明显变化，说明在 AlCl$_3$ 环境下，阳离子聚丙烯酰胺吸附后是不可脱附的，加入水清洗后，频率有较大回升，从其变化幅度来看，主要脱附物质为 AlCl$_3$。

不同浓度 AlCl$_3$ 环境中的频率和耗散关系曲线中，AlCl$_3$ 吸附阶段均为直线，阳离子聚丙烯酰胺吸附阶段高，说明阳离子聚丙烯酰胺吸附层比 AlCl$_3$ 吸附层密实，阳离子聚丙烯酰胺吸附过程为曲线，斜率逐渐增大，表明随吸附量的增加，阳离子聚丙烯酰胺吸附层的密实程度降低。

图 3-27 为不同浓度 AlCl$_3$ 环境中 CPAM 在碳表面的 QCM-D 测试结果对比，表 3-13 为吸附量，结果表明，AlCl$_3$ 环境中，阳离子聚丙烯酰胺的吸附量要远远小于无 AlCl$_3$ 环境中的，说明 AlCl$_3$ 的存在极大地抑制了阳离子聚丙烯酰胺在碳

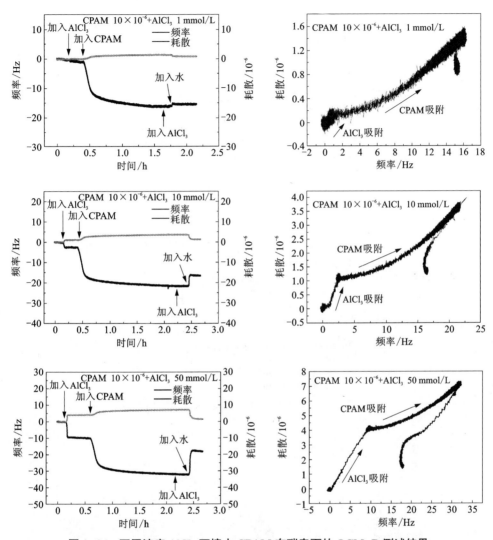

图 3-26　不同浓度 $AlCl_3$ 环境中 CPAM 在碳表面的 QCM-D 测试结果

表面的吸附, 在 $AlCl_3$ 浓度为 1 mmol/L 和 10 mmol/L 的情况下, 阳离子聚丙烯酰胺吸附量分别为 368.0 nm/m² 和 370.7 nm/m², 在 $AlCl_3$ 浓度为 50 mmol/L 的情况下, 阳离子聚丙烯酰胺吸附量为 476.6 nm/m², 说明 $AlCl_3$ 浓度越低, 对阳离子聚丙烯酰胺吸附的抑制程度越大。由频率和耗散关系可知, 在较短吸附时间内, 不同浓度 $AlCl_3$ 环境中, 阳离子聚丙烯酰胺吸附层的密实程度相近, 较长吸附时间后, $AlCl_3$ 环境中的阳离子聚丙烯酰胺吸附层比无, $AlCl_3$ 环境中的阳离子聚丙烯酰胺吸附层松散一些。

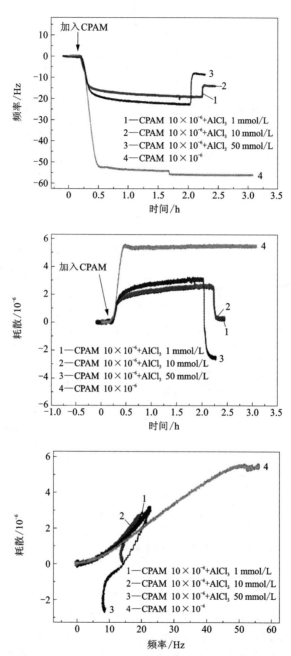

图 3-27 不同浓度 AlCl₃ 环境中 CPAM 在碳表面的 QCM-D 测试结果对比

表 3-13　不同浓度 AlCl₃ 环境中 CPAM 在碳表面的吸附量

$c(\text{AlCl}_3)/(\text{mmol} \cdot \text{L}^{-1})$	CPAM 吸附量/$(\text{ng} \cdot \text{m}^{-2})$	
	30 min	1 h
0	1399.5	1426.6
1	368.0	395.2
10	370.7	397.9
50	476.6	511.9

(4) 不同无机盐环境中 CPAM(阳离子聚丙烯酰胺)的吸附对比

图 3-28 为浓度 50 mmol/L 的不同无机盐环境中 CPAM 在碳表面的 QCM-D 测试结果对比，表 3-14 为吸附量数据，结果表明，不同价态无机盐均对阳离子聚丙烯酰胺的吸附有抑制作用，无机盐价态越高，抑制作用越强烈，阳离子聚丙烯酰胺的吸附量越少，抑制作用由强到弱排序为：AlCl_3，CaCl_2，MgCl_2，KCl，NaCl。频率和耗散关系曲线表明，不同无机盐环境中阳离子聚丙烯酰胺吸附层的密实程度相近，均比无机盐环境下阳离子聚丙烯形成的吸附层松散。

表 3-14　浓度 50 mmol/L 的不同无机盐环境中 CPAM 在碳表面的吸附量

无机盐类型	CPAM 吸附量/$(\text{ng} \cdot \text{m}^{-2})$	
	30 min	1 h
0	1399.5	1426.6
NaCl	992.3	1046.6
KCl	883.8	911.0
MgCl_2	666.6	685.5
CaCl_2	503.7	490.2
AlCl_3	476.6	511.9

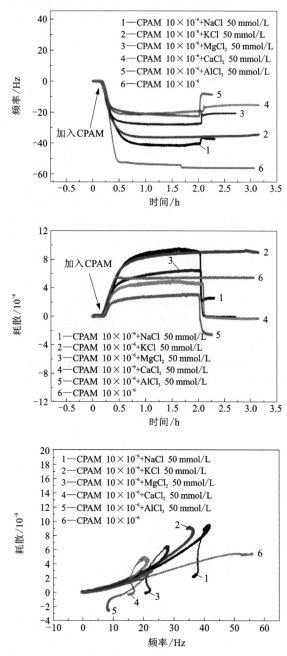

图 3-28　浓度 50 mmol/L 的不同无机盐环境中
CPAM 在碳表面的 QCM-D 测试结果对比

3.4　聚合氯化铝 PAC 在碳表面的吸附脱附

图 3-29 为不同浓度 PAC(聚合氯化铝)在碳表面的 QCM-D 测试结果，由图可知，在加入浓度 0.01% 的聚合氯化铝后，频率降低 4.5 左右，表明聚合氯化铝在碳表面的吸附，且吸附可达到平衡，加入水清洗后，频率回升幅度极小，表明几乎没有聚合氯化铝脱附，这说明聚合氯化铝的吸附是不可逆的，随着聚合氯化铝后浓度的增加，频率的降低幅度增大，表明吸附量有所增加，但加入水清洗后，频率的回升幅度增大，表明脱附量也在增加。频率和耗散关系中，聚合氯化铝吸附过程主要表现为直线，说明随着聚合氯化铝吸附量的增加，其吸附层密实程度没有发生变化。

图 3-30 为不同浓度 PAC 在碳表面的 QCM-D 测试结果对比，由图中频率和耗散变化可知，随着聚合氯化铝浓度的增加，频率的降低幅度增大，吸附量逐渐增加，表 3-15 的吸附量数据显示，在聚合氯化铝浓度为 0.01% 时，吸附量约为 82.4 ng/m^2，在聚合氯化铝浓度为 0.5% 时，聚合氯化铝吸附量约为 162.9 ng/m^2。

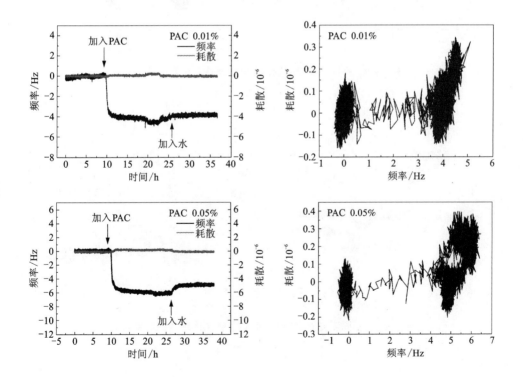

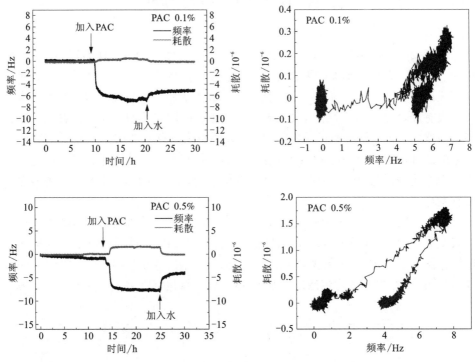

图 3-29　不同浓度 PAC 在碳表面的 QCM-D 测试结果

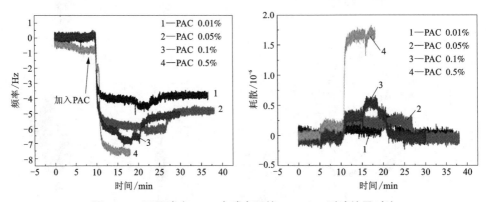

图 3-30　不同浓度 PAC 在碳表面的 QCM-D 测试结果对比

表 3-15　不同浓度 PAC 在碳表面的吸附量

$c(PAC)/\%$	PAC 吸附量$/(ng \cdot m^{-2})$
0.01	82.4219
0.05	118.4211
0.1	141.7147
0.5	162.8907

3.5　聚氧化乙烯 PEO 在碳表面的吸附脱附

图 3-31 为不同浓度 PEO(聚氧化乙烯)在碳表面的 QCM-D 测试结果,由图中频率和耗散的变化可知,聚氧化乙烯很难在碳表面发生吸附,这是由于聚氧化乙烯为极性分子,碳表面为非极性,两者作用较低导致的,因此聚氧化乙烯可以作用于煤泥水体系中具有极性表面的颗粒,而对煤影响较小,从而可以用于选择性浮选分离或选择性絮凝。

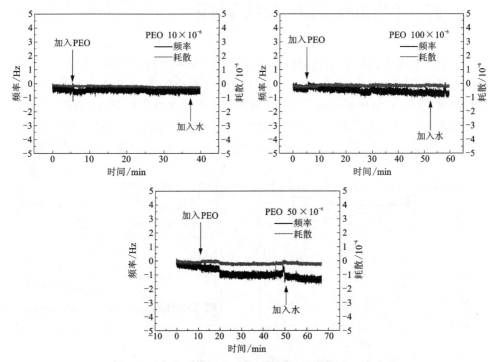

图 3-31　不同浓度 PEO 在碳表面的 QCM-D 测试结果

　　以浓度 10 ppm 的聚氧化乙烯为例,研究了 pH 对其吸附的影响,如图 3-32 所示,由图可知,在 pH=9 时的频率变化幅度略大于 pH=5 时的,表明碱性条件可能更有利于聚氧化乙烯在碳表面的吸附,但整体而言,其吸附仍是极小的,因此,单纯 pH 的调节不能有效提高聚氧化乙烯的吸附能力。

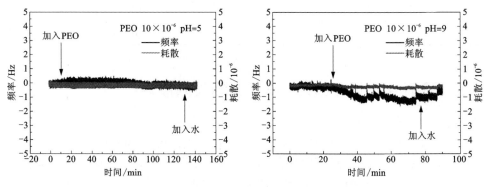

图 3-32　不同 pH 下 PEO 在碳表面的 QCM-D 测试结果对比

3.6　高分子药剂吸附作用的综合讨论

　　综合对比了不同高分子药剂纯溶液在碳表面的吸附行为(见图 3-33),表明研究的高分子药剂纯溶液与碳间亲和性由强到弱排序为:CPAM,PAM,PAC,APAM 和 PEO,CPAM 是阳离子型聚丙烯酰胺,强亲和性是由其与碳表面的相反电性引起的,PAM 是非离子型聚丙烯酰胺,强氢键官能团的存在使其可以与绝大多数矿物表面发生作用,PAC 是聚合氯化铝,与表面电性相反,但分子量较低,

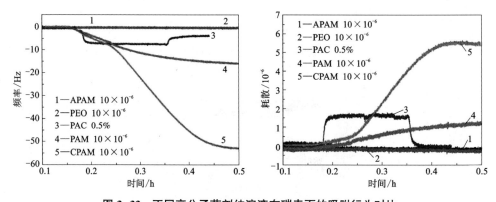

图 3-33　不同高分子药剂纯溶液在碳表面的吸附行为对比

同时表现出无机盐的性质，所以吸附量比 CPAM 低，且吸附部分可逆，APAM 为阴离子型聚丙烯酰胺，与碳表面电性相斥，因此吸附作用极弱，聚氧化乙烯 PEO 存在醚氧非共用电子对，对氢键有较强的亲和力，由于碳表面氢键数量极少，因此聚氧化乙烯与碳的作用极弱，煤与碳有很多相似之处，有文献表明聚氧化乙烯的使用可以提高精煤浮选回收率，说明聚氧化乙烯可以用于煤泥水中颗粒的选择性絮凝。

　　进一步对比了 pH 对不同类型聚丙烯酰胺吸附的影响，由图 3-34 可知，pH 对不同药剂的影响不同，对于阴离子聚丙烯酰胺 APAM，碱性条件下略比酸性条

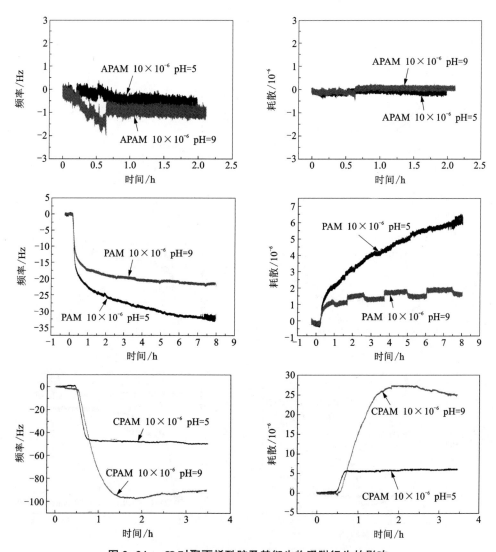

图 3-34　pH 对聚丙烯酰胺及其衍生物吸附行为的影响

件下利于其吸附，由于其与碳表面作用极弱，单独改变 pH 并不能明显提高其吸附能力；对于聚丙烯酰胺 PAM，酸性条件下明显更加有利于其吸附，这可能是由于碱性条件对酰胺基间的氢键破坏作用更大导致的，高浓度的碱性甚至可以使聚丙烯酰胺大分子降解；对于阳离子聚丙烯酰胺 CPAM，碱性条件下明显更加有利于其吸附，这是由于碱性条件可以提高碳表面负电位导致的。但在工业实际生产中，往往存在较多的钙镁离子，进一步研究了 $CaCl_2$ 环境下，pH 对药剂吸附的影响。图 3-35 表明，$CaCl_2$ 环境下，碱性条件阴离子聚丙烯酰胺的频率降低幅度更

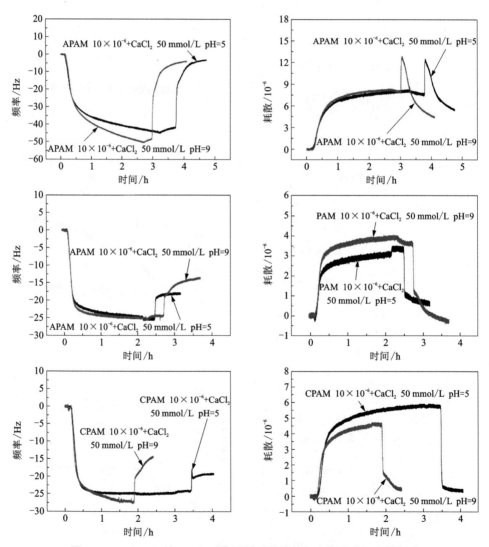

图 3-35　$CaCl_2$ 环境下 pH 对聚丙烯酰胺及其衍生物吸附行为的影响

大，耗散变化与酸性条件下相近，说明碱性条件明显更有利于阴离子聚丙烯酰胺的吸附，吸附层也更加密实；对于聚丙烯酰胺和阳离子聚丙烯酰胺，碱性条件下略有利，但 pH 的整体影响较小，聚丙烯酰胺在酸性条件下的吸附层更加密实，阳离子聚丙烯酰胺在碱性条件下更加密实。

无机盐类药剂通过降低静电斥力发挥作用，而高分子药剂可以通过架桥作用产生长程吸引力连接颗粒，作用范围高于静电斥力，颗粒最终絮凝效果同时取决于静电斥力和架桥作用，无机高分子药剂，比如聚合氯化铝含有高价金属阳离子，可通过降低德拜长度和双电层厚度以及电位使颗粒间静电斥力减小，但其架桥作用较弱，通常絮凝效果较差；非离子型有机高分子，比如聚丙烯酰胺，可发挥较强的絮凝作用，但不能降低静电斥力，桥连的颗粒在靠近过程中会受到双电层重叠部分产生的阻力，因此絮凝效果一般；与颗粒表面电性相反的离子型有机高分子，比如阳离子聚丙烯酰胺，可部分程度降低静电斥力，同时发挥较强的絮凝作用，因此絮凝效果较佳；由和药剂–颗粒间亲和药剂分子间亲和性决定；高价金属阳离子与阴离子型有机高分子组合，比如 $CaCl_2$+APAM，可通过 Ca^{2+} 发挥较强的降低静电斥力作用，阴离子聚丙烯酰胺 APAM 可以通过 Ca^{2+} 桥接与颗粒表面发生吸附（图 3-36 所示），发挥较强的吸附作用，因此絮凝效果往往较佳。

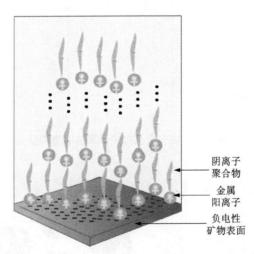

阴离子
聚合物

金属
阳离子

负电性
矿物表面

图 3-36   阴离子聚合物在负电性表面吸附原理示意

此外，药剂吸附和颗粒絮凝并不一致，本书中研究的 $AlCl_3$ 浓度下，碳表面的 Zeta 电位已为正，与阳离子聚丙烯酰胺分子链携带的电性相同，理论上应该相斥，但仍观察到阳离子聚丙烯酰胺的吸附行为，这说明不能用固体表面在无机盐环境表现出的 Zeta 电位单纯解释其与带电高分子链间的作用，而应该从竞争吸附角度去考虑,碳表面在纯水中表现出高负电位,当正电性 Al^{3+}、$AlOH^{2+}$、$Al(OH)_2^+$ 以及阳离子聚丙烯酰胺分子链存在时,其会竞争吸附至表面,并且从以上研究结果来看,阳离子聚丙烯酰胺分子链的吸附能力要更强,并且很难脱附,另一方面也说明,即使高分子药剂的吸附量较高,但颗粒表面 Zeta 高电位会导致静电斥力增强,颗粒同样难以絮凝沉降。

根据高分子链柔韧性、高分子-表面间作用、高分子分子内作用,常见的高分子药剂在表面的吸附构型如图 3-37 所示:(a)分子-表面间作用一般,分子内吸引作用弱;(b)分子-表面间作用弱,分子内吸引作用强;(c)分子-表面间作用弱,分子内斥力作用强;(d)分子-表面间作用强,分子内斥力作用强。其中(a)是发挥絮凝作用的理想构型,有着合理比例的环和尾存在,有利于桥连颗粒,絮凝示意图见图 3-38,b、c、d 构型的架桥絮凝作用较弱,电荷量偏低的高分子形成 b 构型,电荷量偏高的高分子容易形成 c 构型,与表面作用较强的非离子高分子或高电量的离子型高分子容易形成 d 构型。药剂量对颗粒的絮凝也是至关重要的,絮凝概率 P_B 与药剂在颗粒表面的覆盖率 Θ 与另一个颗粒表面空位$(1-\Theta)$的乘积成正比,即:

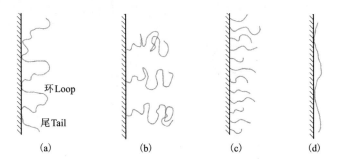

图 3-37　高分子药剂在表面的吸附构型

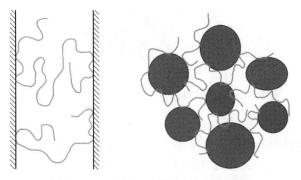

图 3-38　理想情况下的架桥絮凝示意图

$$P_B = \Theta(1-\Theta) \tag{3-1}$$

　　式(3-1)表明了一个颗粒表面上高分子药剂形成的环/尾寻找到另一个颗粒表面空位的可能性，在表面覆盖率 Θ 为 0.5 时，可能性最大，在过高药剂量下会导致药剂在表面覆盖率高，颗粒表面高分子链的延伸距离长，屏蔽范德华吸引力的作用，颗粒阻碍相互间靠近，这也称为空间位阻效应。

第 4 章　煤结构及高分子吸附
特性的分子模拟研究

　　本章介绍了分子模拟方法在煤的性质结构等方面的研究，展示了纳米水滴的润湿过程和接触角计算方法，探讨了聚丙烯酰胺的结构特性以及其在煤/水界面的吸附特性，结合密度分布、径向分布函数、作用能等进行分析。

　　煤的分子结构极其复杂，包括各种大分子和小分子结构，对其结构的表征一直存在较大困难和不确定性，煤结构的试验表征通常需要复杂的流程和设备，并且干扰因素较多。Takagi 等，Manoj 等，Boral 等和 Tomaszewicz 等通过 XRD 研究了不同变质程度煤的结构，结果表明虽然煤主体为无定形碳，但 XRD 图谱中观察到了 002、100 和 110 等衍射峰，这与石墨的衍射峰相对应，煤的变质程度越高，这些峰表现越明显，表明煤中存在微晶结构，层间距 d_{002} 也通常被用于分析煤或碳基材料的堆垛结构。其他学者的研究同样表明煤的结构特性与变质程度或含碳量有直接的相关关系，比如，Franklin、Wender、Gan 等研究了不同变质程度煤的真密度，结果表明，通常情况下，碳含量 82%~85% 的煤密度最低（$1.2~1.3\ \mathrm{g/cm^3}$）。Bodoev 等使用红外光谱（FT-IR）研究了不同变质程度煤的官能团变化，发现羰基官能团的演变与变质程度的相关性要高于与脂肪族官能团的相关性。

　　微晶结构的存在启发我们可以从分子模拟角度对其进行研究，且合理简便的模型的开发也有利于研究相关的吸附和润湿的现象。在过去的七十年间，学者提出了各种煤模型，包括不同变质程度煤的简化分子结构或大分子结构（比如Heredy 和 Wender，Wiser，Spiro 等模型），但是由于煤的复杂性，其分子模型的利用方面一直进展缓慢，近些年，随着分子模拟和 DFT 的应用增多，煤模型的应用才得以关注和发展，本章内容中，为研究煤的结构特性、润湿性和对高分子的吸附，选择使用煤的简化分子模型来进行研究。

4.1　煤的结构特性模拟研究

4.1.1　模型与方法

　　Polymorph Predictor 能够预测分子片段最可能形成的结构，其原理是基于蒙特卡洛(Monte Carlo MC)算法，通过在不同空间组下生成不同的堆垛结构，之后搜索晶格能量表面中的最低值，预测最佳的分子晶体结构，比如 Zhang 等人使用 Polymorph Predictor 预测了可布洛芬的分子晶体结构，其预测结构与试验值吻合。Cross 等人使用 Polymorph Predictor 预测了二氟尼柳的分子晶体结构，并将其进一步应用于结晶溶剂的筛选中，更多的研究结果证明了这种方法的可靠性。

　　选择的煤片段模型如表 4-1 所示，模型均来自参考文献，为了控制总原子数相似，对个别模型进行了截断处理，并使用 H 原子或甲基进行饱和。模型中只考虑 C、H、O 三种元素，总原子数和氢含量相近，碳和氧含量不同，表现出不同饱和度和芳香度，这与不同变质程度煤的主要特性吻合。

表 4-1　Polymorph Predictor 使用的煤片段模型

序号	煤片段化学结构	原子数	元素组成(质量分数)/%			参考文献
			C	O	H	
Coal 1		45	62.06	32.15	5.79	Wender
Coal 2		46	78.23	14.89	6.88	Iwata 等

续表4-1

序号	煤片段化学结构	原子数	元素组成（质量分数)/%			参考文献
			C	O	H	
Coal 3		46	82.99	10.05	6.96	Wender
Coal 4		49	83.10	9.63	7.28	Iwata 等
Coal 5		48	88.72	4.73	6.55	Wender
Coal 6		47	90.78	4.32	4.90	Wende

所有煤片段模型均预先进行几何优化，之后使用 Polymorph Predictor 进行预测，使用的十个常见的空间组：P21/C、P-1、P212121、C2/C、P21、PBCA、PNA21、CC、PBCN 和 C1。力场为 polymer consistent force field（PCFF），该力场适用于含有 C、H、O 等元素的有机物体系。图 4-1 为 Polymorph Predictor 的具体工作流程。

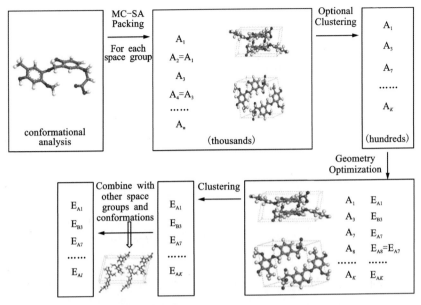

图 4-1   Polymorph Predictor 工作流程

4.1.2   结构与密度

使用 Polymorph Predictor 输出上千个煤的预测模型结构,将所有模型按总能量排序,选择能量最低的结构作为预测的煤分子晶体,发现空间组 P-1 生成的晶体结构通常具有最低的晶格能和最大的密度,得到的不同煤分子片段预测的煤微晶结构如图 4-2 所示,图中虚线为周期性边界,由图可知,所有的煤分子片段均呈面面结构,分子苯环平面呈现平行分布,支链向两侧伸展。

密度是煤的基本特征之一,在宏观试验中,通常存在三种密度:真密度,堆密度和视密度,分子模拟中计算的密度为真密度。不同煤模型的表征如表 4-2 所示,由表可知随着碳含量的增加,煤的密度先降低后增加,在碳含量为 82.99% 左右时,密度达到最低,为 1.27 g/cm³。在试验中,由于 He 原子最小,氦气法测得的煤密度最接近煤的真实密度,因此,学者们通常以氦气法测得的密度表示煤的真密度。将 Huang 等,Gan 等和 Franklin 对煤真密度的研究结果与模拟结果进行对比,并加入石墨的密度进行对比,结果如图 4-3 所示,由图所知,预测的煤微晶结构的密度与文献报道数据吻合度较高,并且可以发现,不论本书模拟数据还是文献报道数据,当碳含量趋向 100% 时,煤的密度趋于石墨密度。

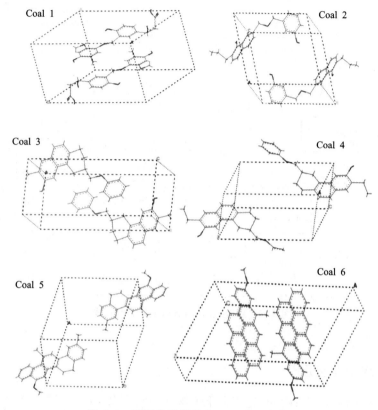

图4-2 不同分子煤片段预测的微晶结构

表4-2 预测的煤微晶结构的表征

模型	$w(C)/\%$	密度/$(g \cdot cm^{-3})$	$2\theta_{002}/(°)$	层间距 d_{002}/nm
Coal 1	62.06	1.41	24.47	3.64
Coal 2	78.23	1.30	24.40	3.65
Coal 3	82.99	1.27	24.50	3.63
Coal 4	83.10	1.28	25.09	3.55
Coal 5	88.72	1.32	25.44	3.49
Coal 6	90.78	1.40	26.02	3.43
石墨 Graphite	100	2.28	26.60	3.3348

*标准石墨（Graphite）模型来自剑桥晶体学公开数据库"Crystallography Open Database"（COD ID: 9008569）

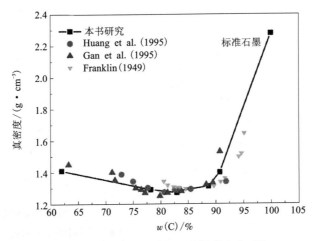

图 4-3 模拟的煤密度与文献报道密度对比

4.1.3 XRD 与层间距

对于特定的晶体结构，均可以从理论上计算其 XRD 图谱。使用经典的 Reflex 工具(MS 软件提供)计算了煤微晶结构的 XRD，使用铜 X 射线发射源，扫描的 2θ 范围为 5°~45°，步长 0.05。计算的 XRD 图谱如图 4-4 所示，图谱中最高衍射峰的位置与石墨(002)峰相近，说明其中有类石墨结构，即所有煤中的微晶都具有石墨和非晶态之间的中间结构，它们是乱层结构或随机层晶格结构，在 10°~20° 之间也出现了一些随机分布的衍射峰，这些衍射峰也可见于文献报道，这是由主环边缘连接的脂肪族侧链等饱和结构导致的。

通常使用层间距 d_{002} 来评估煤、石墨或碳-基材料的结构，d_{002} 可由布拉格方程 Bragg's equatio 式(4-1)得到：

$$n\lambda = 2d_{hkl}\sin\theta_{hkl} \tag{4-1}$$

式(4-1)中 n 是正整数 (此处为 1)；λ 为铜发射源的波长(m)；h，k，l 是布拉格平面的米勒指数；d_{hkl} 是层间距(m)。

模拟计算得到的 $2\theta_{002}$ 和 d_{002} 列于表 4-2 中。图 4-5 表明 d_{002} 随碳含量的变化较为明显，当煤模型碳含量由 62.06% 提高到 90.78% 时，d_{002} 由 0.364 nm 降低至 0.343 nm，当碳含量趋于 100% 时，d_{002} 趋近于石墨的层间距(0.3348 nm)。考虑到煤的复杂性，收集了较多的文献数据进行对比，文献中研究的煤分别来自美国，中国，澳大利亚、印度等(图 4-5)，发现除了碳含量 78.23% 的煤的 d_{002} 偏高，其他均较为吻合。

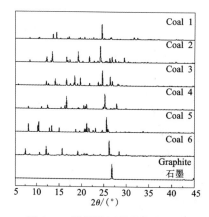

图4-4　模拟得到的煤微晶结构和标准石墨的 XRD 图谱

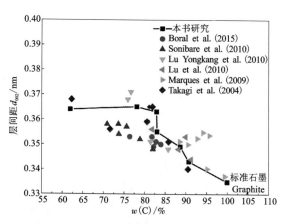

图4-5　模拟计算煤微晶结构的层间距与文献数据对比

4.2　煤的化学特性模拟研究

4.2.1　能量组成

分子模拟体系在特定力场下，可通过原子坐标计算势能面的能量，对于 PCFF 力场，体系势能可以表达为式（4-2）：

$$E_{total} = E_{valence} + E_{crossterm} + E_{non\text{-}bond} \tag{4-2}$$

式（4-2）中，$E_{valence}$ 表示共价能（键能），与键的伸缩和角、二面角的扭转有关；$E_{crossterm}$ 表示键、角、二面角相互间的能量，用于解释临近原子对键或角扭转的影响，这与试验中测得的振动频率有关，另外，研究结果表明 $E_{crossterm}$ 与结构的变形密切相关；非键能（$E_{non\text{-}bond}$）主要与范德华力和长程静电作用有关，表达式如式（4-3）所示：

$$E_{non\text{-}bond} = E_{vdw} + E_{electrostatic} + E_{long\text{-}range\_correction} \tag{4-3}$$

最后，体系总能量的整体表达式如下：

$$
\begin{aligned}
V(R) =& \sum_b D_b \left[1 - \mathrm{e}^{-a(b-b_0)} \right]^2 + \sum_\theta H_\theta (\theta - \theta_0)^2 + \sum_\Phi H_\Phi \left[1 - s\cos(n\Phi) \right] \\
&+ \sum_\chi H_\chi \chi^2 + \sum_b \sum_{b'} F_b b'(b-b_0)(b'-b_0') + \sum_\theta \sum_{\theta'} F_{\theta\theta'}(\theta - \theta_0)(\theta' - \theta_0') \\
&+ \sum_b \sum_\theta F_{b\theta}(b-b_0)(\theta - \theta_0) + \sum_\Phi F_{\Phi\theta\theta'} \cos(\theta - \theta_0)(\theta' - \theta_0') \\
&+ \sum_\chi \sum_{\chi'} F_{\chi\chi'} \chi\chi' + \sum_i \sum_{j>i} \left[\frac{A_{ij}}{R_{ij}^{12}} - \frac{B_{ij}}{R_{ij}^6} - \frac{q_i q_j}{r_{ij}} \right]
\end{aligned} \tag{4-4}
$$

式(4-4)中，最上面的 4 项与共价能相关 $E_{valence}$，后 5 项与 $E_{crossterm}$ 相关，最后两项与非键能($E_{non-bond}$)相关。

研究了碳含量升高过程中，煤微晶结构的能量组成变化，结果如表 4-3 所示，由表可知，随着碳含量的升高，煤中静电作用和范德华作用减少，共价作用增加，这是由于共价作用与苯环的连接方式有关，高阶煤中的共价作用更强，而 $E_{crossterm}$ 占总能量的比例较小。对于碳含量 62.06% 的煤，非键作用能 $E_{non-bond}$ 占主导作用，表明其中存在大量的非键作用，特别是静电作用，静电作用为长程作用，与大量含氧官能团和脂肪链的存在有关。随着碳含量的增加，煤中范德华能 E_{vdw} 和静电作用能 $E_{electrostatic}$ 均减少，石墨中的非键作用中只有范德华作用，没有静电作用，这是因为石墨中没有侧链存在。

表 4-3　预测的煤微晶结构中的能量组成

煤微晶结构	碳质量分数/%	E_{total} /(kcal·mol^{-1})	$E_{valence}$ /(kcal·mol^{-1})	$E_{crossterm}$ /(kcal·mol^{-1})	$E_{non-bond}$ /(kcal·mol^{-1})	E_{vdw} /(kcal·mol^{-1})	$E_{Electrostatic}$ /(kcal·mol^{-1})
Coal 1	62.06	−229.03	26.47	−24.15	−231.35	−37.93	−192.22
Coal 2	78.23	107.32	195.24	−17.02	−70.90	−35.52	−34.30
Coal 3	82.99	131.09	202.95	−16.36	−55.48	−27.74	−26.67
Coal 4	83.10	128.34	200.79	−16.82	−55.65	−33.05	−21.46
Coal 5	88.72	589.41	632.93	−22.21	−21.31	−10.53	−9.62
Coal 6	90.78	1205.10	1242.44	−15.26	−22.08	−15.36	−5.38
标准石墨 Graphite	100	87.57	107.17	0	−19.58	−18.98	0

进一步使用皮尔逊相关性分析(Pearson Correlation Analysis)，研究了碳含量变化过程中，不同能量与煤密度和层间距 d_{002} 的相关性，结果见表 4-4，由表可知，虽然 $E_{cross-terms}$ 占总能量中的比例较小，其与密度的相关系数高达 0.87，表明煤的密度与 $E_{cross-terms}$ 极为相关，这说明邻近原子间引起的键角的变化导致的结构变形对煤的密度有很大影响，而层间距同时与 $E_{cross-terms}$ 和非键作用(特别是范德华作用)相关，这说明范德华作用导致的结构变形对层间距也有很大影响。图 4-6 为使用不同煤微晶结构建立的煤表面模型，这些表面模型具有相对合理的密度、层间距和主要的表面官能团分布，有利于帮助理解煤的表面结构。

表 4-4 皮尔逊相关性分析结果

项目	皮尔逊相关系数 Pearson correlation coefficient					
	E_{total}	$E_{valence}$	$E_{crossterm}$	$E_{non-bond}$	E_{vdw}	$E_{Electrostatic}$
密度 vs−	−0.15	−0.21	0.87	0.21	0.28	0.18
层间距 d_{002} vs−	−0.50	−0.43	−0.70	−0.61	−0.77	−0.56

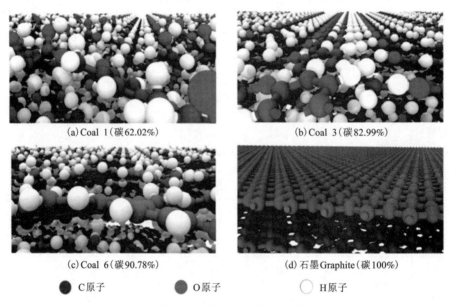

(a) Coal 1(碳62.02%)   (b) Coal 3(碳82.99%)

(c) Coal 6(碳90.78%)   (d) 石墨Graphite(碳100%)

● C原子   ● O原子   ○ H原子

图 4-6 由预测的煤微晶结构构建的煤表面模型

4.2.2 电子性质

(1)电子性质计算

使用密度泛函理论研究了不同煤片段分子的电子性质，计算在 Materials Studio 中的 Dmol3 中进行，使用 GGA-BLYP（Becke，Lee-Yang-Parr）函数和 DNP 基组。计算了不同煤分子片段的结合能、最高轨道占用能(HOMO)、最低轨道占用能(LUMO)、能带隙 $\Delta E (E_{LUMO}-E_{HOMO})$ 和偶极矩。整体而言，随着碳含量的升高，煤分子片段的结合能升高，这与分子模拟理论计算的共价能变化一致。能带隙 $\Delta E (E_{LUMO}-E_{HOMO})$ 随着碳含量的升高而降低。由图 4-7 可知，碳含量 90.78% 煤分子片段的最高轨道占用能 HOMO 与最低轨道占用能 LUMO 的差别较小，ΔE 只有 1.4 eV。碳含量 62.06% 煤分子片段的 HOMO 和 LUMO 差别较大，HOMO 主要位于连接到苯环和 C—C—C 键上的氧原子上，LUMO 主要位于对立的环己烷链上，这个位置适合得到电子。能带隙 ΔE 的变化表明随着煤炭含量的升高，其反应性降低。分子偶极可以表明分子的极性，许多分子(比如水、氟化氢等)由于其内部正负电荷分布不均，导致其具有偶极矩，由表 4-5 可知，中等碳含量的(78.23%~88.72%)煤分子片段通常具有低的偶极矩，最低碳含量(62.06%)和最高碳含量(90.78%)的煤分子片段具有高偶极矩，这与碳含量对煤密度的影响规律一致，因此，可推测具有高偶极矩的煤分子，由于极性较高，形成的煤较为密实，另一方面，文献中报道中等变质程度的浮选效果往往较佳，这可能与中等变质程度煤分子偶极矩小、极性低相关。

表 4-5　煤分子模型的电子性质

煤分子	碳含量 /%	结合能 /eV	E_{HOMO} /eV	E_{LUMO} /eV	能带隙 ΔE /eV	偶极矩 μ (Debye)
1	62.06	223.67	−4.92	−1.28	3.64	4.1129
2	78.23	231.96	−4.71	−1.62	3.09	2.3678
3	82.99	235.32	−4.80	−1.50	3.3	0.9478
4	83.10	248.37	−4.81	−1.53	3.28	0.8990
5	88.72	253.31	−4.64	−1.66	2.98	1.221
6	90.78	265.59	−4.07	−2.67	1.4	1.8283

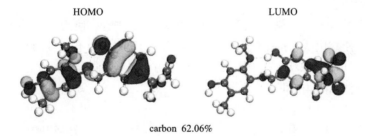

carbon 62.06%

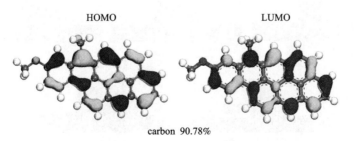

carbon 90.78%

图 4-7　$w(C)$ 62.06% 和 90.78% 的煤分子片段的 HOMO 和 LUMO 轨道

4.3　纳米尺度煤的接触角模拟研究

润湿性是煤表面极为重要的性质，使用分子动力学对纳米尺度下煤表面接触角进行了模拟。煤模型使用的是碳含量 62.06% 煤片段分子预测的微晶模型，建立的表面模型厚度 2 nm，长宽均为 20 nm。使用碳含量 62.06% 煤模型是因为该模型与褐煤接近，而褐煤润湿性受到更多关注，研究文献较多，可提供相关数据进行对比。本书研究接触角模拟的方法虽然精度较高，但耗时极长（5 个月），只选择了一种煤模型进行了接触角分子模拟。

煤模型的力场使用 PCFF 力场，水的力场使用的是 PCFF-INTERFACE 力场，PCFF-INTERFACE 力场中的水模型与 PCFF 力场中水模型均为三位水模型，两者 Lennard-Jones 参数一致，但原子电荷有差距。PCFF-INTERFACE 力场中推荐使用的 O 和 H 原子的电荷分别为 $\delta_O = +0.82$ 和 $\delta_H = -0.41$，而 PCFF 力场中默认的 O 和 H 原子的电荷分别为 $\delta_O = +0.80$ 和 $\delta_H = -0.40$。根据 Alejandrea 等提出的水的表面张力模拟方法使用分子动力学模拟计算了 298 K 温度下两种力场水模型的表面张力，发现 PCFF-INTERFACE 力场中水模型的表面张力为 68.6 mJ/m^2，PCFF 力场中水模型的表面张力为 64.2 mJ/m^2，前者更加接近 298 K 时试验测得的水的表面张力值（72.8 mJ/m^2），说明 PCFF-INTERFACE 力场中水模型更加有利于研究水的接触角。

接触角的分子动力学模拟在 LAMMPS 软件中进行，使用五种不同半径的水滴，水滴半径变化从 3 nm（包含 2379 个水分子）到 5 nm（包含 11001 个水分子），预先将水滴切成半球状，置于煤表面模型上方，在 z 方向上添加 5 nm 厚度的真空层，初始模型如图 4-8 所示。

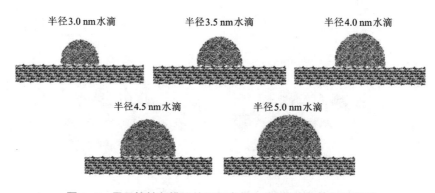

图 4-8　用于接触角模拟的不同半径水滴-煤体系的初始模型

　　单次模拟时间为 1500 ps，使用最后的 250 ps 的轨迹文件数据统计计算接触角。接触角计算方法使用 Khalkhali 等人开发的方法，在 Matlab 软件中进行计算，该方法通过 hit-and-count 方法识别水滴并进行修正，之后通过快速凸包算法（Quickhull algorithm）计算接触角，最终给出接触角的概率分布。

4.3.1　纳米水滴润湿铺展过程

　　本节介绍水在煤[$w(C)62.06\%$，$w(O)32.15\%$]表面的接触角模拟结果，图 4-9 为模拟使用的半径最大的水滴（5 nm）在煤表面的润湿过程，可观察到随着模拟时间进行，水滴逐渐在煤表面铺展，模拟时间 500 ps 以后，水滴形状的变化减小，在 1000 ps 后基本达到平衡。

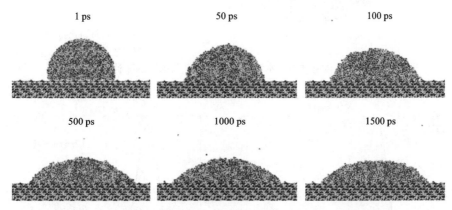

图 4-9　分子动力学模拟半径 5 nm 水滴在煤表面的润湿铺展过程

4.3.2　接触角的识别和计算

　　图 4-10 为 5 nm 接触角的计算过程，包括水滴识别和修正[图 4-10(a)和图 4-10(b)]，凸包生成 convex hull creation[图 4-10(c)]和接触角概率分布[图 4-10(d)]，计算的接触角概率分布为正态分布，平均接触角为 52.47°，但是，在纳米尺度内，接触角通常具有尺寸依赖性，也就是说模拟用的水滴大小（水分子数量）会对模拟结果有影响，为了研究水分子数量对接触角的影响，模拟计算了不同半径水滴的接触角，如图 4-11 所示，清晰表明随着水滴半径的增大，接触角的角分布变得更加狭窄和对称，平均接触角逐渐增大。

　　纳米尺度内接触角的尺寸依赖性，可以用式(4-5)修正的杨拉普拉斯方程（modified Young equation）进行描述：

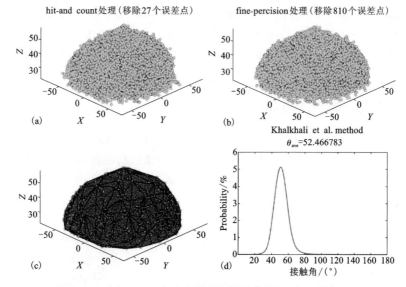

图4-10　半径5nm水滴在煤表面接触角的识别和计算过程

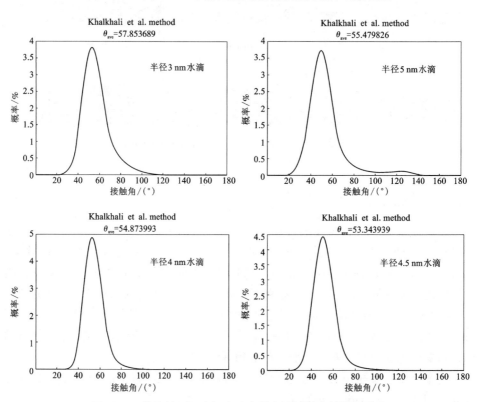

图4-11　模拟的不同半径水滴在煤表面接触角的概率分布

$$\cos(\theta) = \frac{\gamma_{sv} - \gamma_{sl}}{\gamma_{lv}} - \frac{\tau}{r\gamma_{lv}} = \cos(\theta_\infty) - \frac{\tau}{r\gamma_{lv}} \tag{4-5}$$

式(4-5)中，γ_{sv}，γ_{sl} 和 γ_{lv} 分别为固-液、固-气和液-气界面张力(N/m)，τ 是线张力，r 是液滴与表面接触边界的半径(m)(假设为圆形)，θ_∞ 表示液滴半径 r 趋于无穷大时的宏观接触角。根据修正的杨-拉普拉斯方程，对于特定的固体表面，τ 和 γ_{lv} 为常数，因此接触边界半径(r)的倒数和接触角($\cos\theta$)呈线性关系，其斜率为宏观接触角的余弦($\cos\theta_\infty$)。图 4-12 表明由线性拟合计算得到的宏观接触角为 46.13°。这个接触角值意味着碳含量 62.06%、氧含量 32.15%的煤表面具有相对亲水性，与文献报道的褐煤的接触角范围一致(通常 < 60°)。例如，Drelich 等测试了水在不同粗糙度褐煤表面(碳含量 62.8%，灰分 5%)的接触角，最小接触角为 45°。Zhou 等测试了水在褐煤表面[$w(C)82.88\%$，$w(O)15.02\%$，无灰基]的接触角，结果为 50.13°。Liu 等报道的水在褐煤表面[$w(C)69.7\%$，$w(O)23.14\%$，灰分 11.01%]的接触角为 42.15。Khalkhali 等模拟的水在强疏水的石墨表面的接触角为 83°，与实际测得的石墨接触角较为吻合，这说明分子模拟具有其合理性，可以成为潜在的代替试验研究的手段。

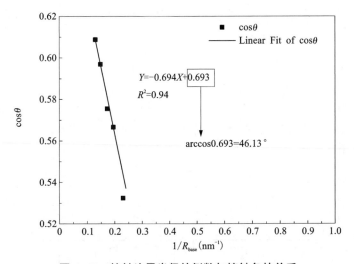

图 4-12　接触边界半径的倒数与接触角的关系

4.3.3　煤中官能团与水的作用

使用经典的 Shin 煤大分子模拟计算了单个水分子在不同官能团位置的吸附能，真空和水中吸附能或相互作用能计算公式分别为式(4-6)和式(4-7)：

$$\Delta E = E_{total} - E_{surface} - E_{adsorbent} \tag{4-6}$$

$$\Delta E = E_{\text{total}} - (E_{\text{surface}} + E_{\text{adsorbent+solution}}) + E_{\text{solution}} \tag{4-7}$$

由图 4-13 可知，H_2O 在煤分子不同官能团位的吸附能差距较大，最高吸附能发生在—OH 和 NH_2 同时存在的位置，此时，H_2O 中的 O 原子与煤分子—OH 官能团中的 H 原子形成一个氢键，H_2O 中的 H 原子与煤分子 NH_2 官能团中的 N 原子形成另一个氢键，双氢键的作用使得吸附能高达 -14.3 kcal/mol；其次为—COOH，H_2O 与—COOH 官能团主要存在 2 种作用构型，一是 H_2O 中的 O 原子与—COOH 中的氢原子形成氢键作用，吸附作用极强，吸附能为 -13.2 kcal/mol，因此这是 H_2O 与—COOH 官能团作用概率最高的构型，另一种是 H_2O 中的 H 原子与—COOH 中的双键 O 原子形成氢键作用，此时吸附作用仍较强，吸附能为 -8.5 kcal/mol；之后为—OH 官能团，H_2O 中 O 原子与—OH 官能团中 H 原子形成氢键，吸附能为 -12.1 kcal/mol；接下来为—NH_2、—NH 以及含饱和 O 或 N 的官能团，而 H_2O 与含 S 或 CH 官能团的作用则较弱。

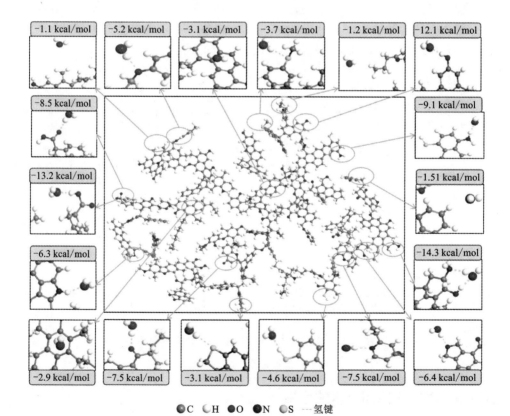

●C ○H ●O ●N ●S ——氢键

图 4-13　水分子在煤分子不同官能团位置的吸附能

图 4-14 进一步对水分子与不同类官能团吸附能进行统计，由图可知吸附作用由强到弱为：含氧官能团，含氮官能团，含硫官能团，碳氢官能团，含氧官能团中的羟基和羧基对水分子的吸附作用最强。

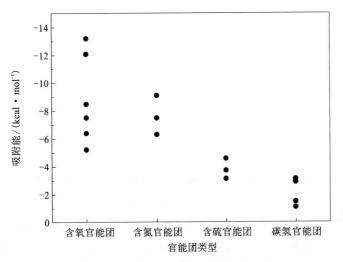

图 4-14　水分子与不同类官能团吸附能

4.4　PAM 在煤表面吸附特性的模拟研究

4.4.1　聚丙烯酰胺 PAM 的分子特性

作为高分子药剂的聚丙烯酰胺通常分子量在 300 万以上，图 4-15 为聚丙烯酰胺单体结构，但在分子模拟中，不可能实现如此庞大的计算量，因此构建了不同低聚合度的聚丙烯酰胺分子链，推算了聚丙烯酰胺聚合度与分子量和链长的关系。图 4-16 为计算得到的聚丙烯酰胺聚合度和分子量及链长间的关系，由图可知 100 万分子量的聚丙烯酰胺需要 14000 多个单体聚合而成，直链长度为 3 μm，

8 Å

● C　　○ H　　● O　　● N

图 4-15　聚丙烯酰胺单体结构

500 万分子量的聚丙烯需要 7 万多个单体合成，最大链长可达 15 μm，1000 万分子的聚丙烯酰胺需要单体大约为 14 万，链长可达 30 μm。

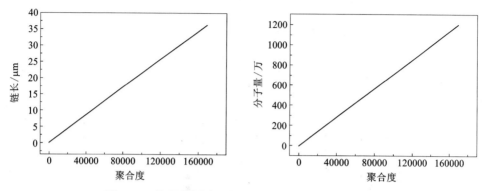

图 4-16 聚丙烯酰胺聚合度与链长和分子量间的关系

使用模拟退火算法(Simulated Annealing)研究了真空中聚丙烯酰胺分子链的理想构型，退火过程中，总退火周期为 800 次，初始和最终温度为 289 K，最大温度为 500 K，系综使用 NVE，每次退火得到的模型均进行几何优化。图 4-17 为模拟退火过程中聚合度为 50 的聚丙烯酰胺分子链构型变化过程，可以观察到，随着模拟过程进行，聚丙烯酰胺单分子链构型逐渐发生变化，最终变为螺旋形，说明单根聚丙烯酰胺单分子链的理想构型为螺旋形。

4.4.2　真空中 PAM 单分子在煤表面的吸附

基于 Metropolis 蒙特卡洛算法研究了真空中聚合度 4 到 24 的单分子聚丙烯酰胺链在煤表面的吸附能和吸附构型，煤表面模型由碳含量 82.99% 的煤分子片段预测得到的煤微晶结构得到，厚度为 1.5 nm，长宽分别为 72 nm 和 74 nm，添加的真空层厚度为 10 nm，温度范围为 298~500 K，力场为 PCFF。结果如表 4-6 所示，由表可知，真空中，随着聚丙烯酰胺聚合度的增加，其在煤表面的总吸附能增大，吸附作用增强，说明分子量越大，吸附作用越强，吸附后越不容易脱附，这是由于参与作用的原子数量增加导致的，计算的平均单体吸附能为 -7.12 kJ/mol，图 4-18 为聚合度 24 的聚丙烯酰胺单分子链在煤表面的吸附构型，由图可知，真空中聚丙烯酰胺分子链在煤表面的最佳吸附构型为平躺型，聚丙烯酰胺酰胺基上氢原子(H)与煤表面氧原子形成的氢键作用对其吸附也起到了一定作用。

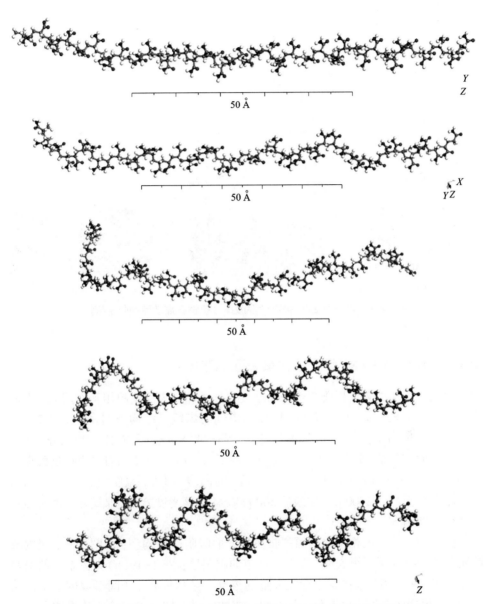

图 4-17　模拟退火过程中聚合度为 50 的聚丙烯酰胺分子链构型变化过程

表4-6 不同聚合度聚丙烯酰胺分子链在煤表面的吸附能

聚合度	吸附能/(kJ·mol⁻¹)	平均单体吸附能/(kJ·mol⁻¹)
4	-27.3	
12	-74.7	
16	-116.9	-7.12
20	-156.6	
24	-178.0	

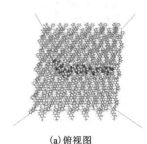 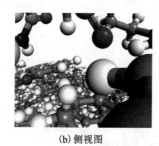 

(a)俯视图　　　　　　　　(b)侧视图　　　　　　　　(c)局部结构

图4-18 聚合度24的聚丙烯酰胺单分子链在煤表面的吸附构型

4.4.3 液相中PAM多分子在煤表面的吸附

使用分子动力学模拟研究聚丙烯酰胺多分子和煤表面间的相互作用,煤表面模型由碳含量82.99%的煤分子片段预测得到的煤微晶结构得到,厚度为2 nm,长宽分别为36 nm和54 nm,添加的真空层厚度为8 nm,添加2500个水分子和5个聚丙烯酰胺分子(聚合度为8),真空层厚度为80 Å。分子动力学模拟过程在巨正则系综(canonical ensemble NVT)下进行,时间步为1 fs,温度为298 K,压力为1 atm,总模拟时间2000 ps,取最后500 ps统计计算密度分布,取最终平衡构型计算径向分布函数。

图4-19(a)为液相中聚丙烯酰胺在煤表面吸附平衡构型,由图可知,聚丙烯酰胺分子均吸附到了煤表面,形成了稳定的吸附层;图4-19(b)为体系中的氢键分布情况,由图可知,体系中存在大量的氢键,主要是水分子间形成的氢键网络以及水、聚丙烯酰胺、煤单独或相互间形成的氢键。图4-20(a)为体系中各组分的分布情况,由图可知,聚丙烯酰胺集中分布在水和煤之间,形成的吸附层距离煤表面的距离大约是3 Å,而水分子没有形成水化层,图4-20(b)的径向分布反映出相似的规律,煤-聚丙烯酰胺的径向分布函数在7.5 Å处出现了峰值,说明了煤与聚丙烯酰胺间有强烈的配位趋势,相互作用较强,而煤-水的径向分布函

数无明显峰值，随着距离煤模型中心距离的增加，水分布数量逐渐增多，说明聚丙烯酰胺的优先吸附使得煤–水间的配位趋势降低，相互作用减弱。径向分布函数（Radial Distribution Function，RDF）指的是一种粒子在另一种粒子周围空间的分布概率，可由式（4-8）计算得到：

$$g(r) = \frac{\mathrm{d}N}{\rho 4\pi r^2 \mathrm{d}r} \tag{4-8}$$

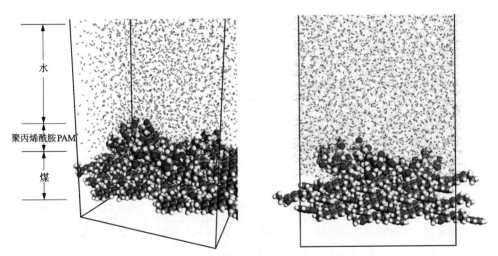

图 4-19　液相中聚丙烯酰胺多分子在煤表面的吸附平衡构型和氢键分布图

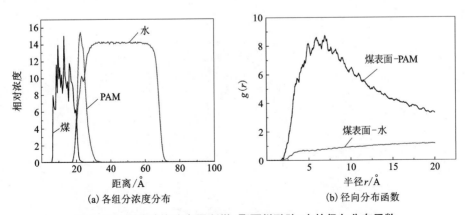

(a) 各组分浓度分布　　　　　(b) 径向分布函数

图 4-20　组分浓度分布图和煤–聚丙烯酰胺/水的径向分布函数

表4-7中,依据PCFF力场计算得到的水和真空中聚丙烯酰胺与煤表面的相互作用总能分别为:-185.37 kJ/mol 和-244.18 kJ/mol,相互作用均是由范德华和静电作用贡献的,液相中聚丙烯酰胺与煤的相互作用能的82.82%是由范德华能贡献的,水中聚丙烯酰胺与煤表面的范德华作用和静电作用均比真空条件下低,因此总作用能降低。为了分析体系中氢键的具体贡献,进一步使用Dreiding力场对煤-聚丙烯酰胺间的相互作用能进行计算,结果表明,虽然氢键作用有一定贡献,但占比较低,真空中和水中两种条件下,氢键作用对煤-聚丙烯酰胺相互作用能的贡献分别为6.18%和1.95%,综合对比可知,聚丙烯酰胺在煤表面的吸附主要依靠范德华作用,其次为静电作用和氢键作用。

表4-7　PCFF 和 Dreiding 两种力场下真空和水中聚丙烯酰胺与煤的作用能

作用能类别 /(kcal·mol⁻¹)	PCFF 力场				Dreiding 力场			
	水中		真空中		水中		真空中	
	数值	占比/%	数值	占比/%	数值	占比/%	数值	占比/%
总作用能	-185.37	100.00	244.18	100.00	-144.97	100.00	-197.56	100.00
共价能	0.00	0.00	0.00	0.00	0.00	0.00	0.00	0.00
范德华能	-153.53	82.82	-176.00	72.08	-115.43	79.62	-140.85	71.9
长程矫正能	-0.70	0.38	-0.70	0.29	-0.64	0.44	-0.65	0.33
静电作用能	-31.15	16.80	-67.48	27.63	-26.07	17.98	-43.86	22.20
氢键作用能	—	—	—	—	-2.83	1.95	-12.21	6.18

第 5 章　高分子药剂在黏土矿物上吸附的试验研究

　　煤泥水中通常会含有 50%~70% 的无机矿物, 尤其是其中的黏土矿物对煤泥水的固液分离有重要影响。煤系黏土矿物包括高岭石、蒙脱石、伊利石-蒙脱石杂层黏土, 高岭石是 1∶1 型的层状铝硅酸盐, 由四面体二氧化硅和八面体氧化铝组成, 为非膨胀黏土。蒙脱石和伊利石是 2∶1 型的层状铝硅酸盐, 由两个二氧化硅四面体和中间的氧化铝八面体组成, 蒙脱石为膨胀性黏土, 伊利石为非膨胀黏土。高分子药剂与黏土矿物间作用对于煤泥水固液分离和黏土矿物-高分子药剂材料合成方面具有重要意义

　　本章采用传统的分光光度比色法研究了聚丙烯酰胺(PAM)、阴离子聚丙烯酰胺(APAM)和阳离子聚丙烯酰胺(CPAM)在各种黏土矿物上的吸附规律, 结合吸附等温曲线和吸附热力学进行了分析, 进一步采用 QCM-D 深入探讨了高分子药剂与蒙脱石的相互作用。图 5-1 为比色法测吸附量的标准工作曲线。

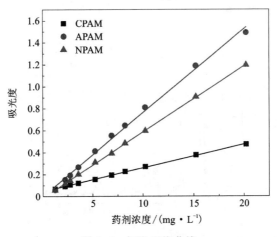

图 5-1　标准工作曲线

　　吸附试验用高岭石、伊利石、蒙脱石样品预先经过浸泡、超声、离心等步骤进行提纯，提纯后样品的平均粒度分别为：高岭石-3.20 μm、伊利石-3.72 μm、蒙脱石-2.24 μm。由图 5-2 的 X 射线衍射（XRD）图谱和表 5-1 的半定量分析结果可知，提纯后的黏土矿物样品纯度均较高，但高岭石中含有少量的石英、方解石及伊利石杂质，蒙脱石中含少量石英和方解石杂质。

表 5-1　提纯后黏土矿物样品成分的半定量分析

样品名称	矿物质量分数/%				
	高岭石	石英	伊利石	碳酸钙	蒙脱石
高岭石	89.32	6.30	4.70	0.56	—
伊利石	—	1.23	98.6	—	—
蒙脱石	2.34	3.11	—	1.94	92.61

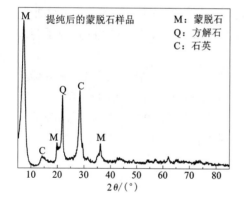

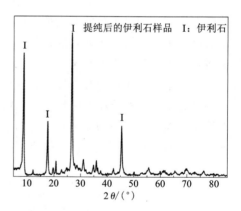

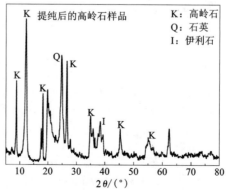

图 5-2　提纯后黏土矿物样品的 XRD 图谱

　　图 5-3 为各黏土矿物样品的 Zeta 电位，从图可观察到高岭石和伊利石的零电点位于 pH = 3 左右，蒙脱石在 pH = 2 时，仍未达到零电点，随着 pH 增加，三种黏土矿物的 Zeta 电位绝对值均迅速增加，在常见工业水的 pH 环境下(pH = 7～8)，三种黏土矿物均表现出强烈的电负性。

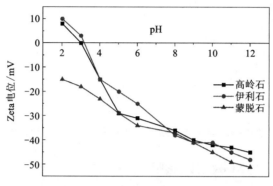

图 5-3　pH 对黏土矿物 Zeta 电位的影响

5.1　CPAM 在黏土矿物上的吸附特性

5.1.1　吸附平衡时间

　　图 5-4 为 CPAM(阳离子聚丙烯酰胺)在高岭石、伊利石、蒙脱石上的时间-吸附量曲线，药剂初始浓度为 15 mg/L，环境温度为 25℃，从图可观察到，10～60 min 内，阳离子聚丙烯酰胺在高岭石、伊利石和蒙脱石上的吸附量均快速增加，90～120 min 内，阳离子聚丙烯酰胺的吸附速率逐渐减小，在高岭石和伊利石上的吸附逐渐达到平衡，而蒙脱石的吸附平衡时间较长为 180 min。由于三种黏土矿物在 pH 为中性时表面皆为荷负电，阳离子聚丙烯酰胺在矿物颗粒上的吸附主要是以静电吸附为主，带正电荷的阳离子聚丙烯酰胺与带负电荷的黏土矿物之间存在较强吸引力，使得药剂快速吸附于颗粒表面，阳离子聚丙烯酰胺在高岭石、伊利石、蒙脱石上的平衡吸附量分别为 0.596 mg/g、0.690 mg/g、0.701 mg/g。

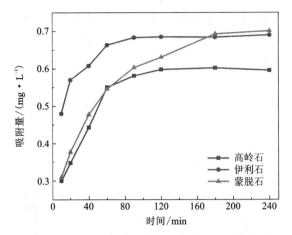

图 5-4　CPAM 在黏土矿物上的时间-吸附量曲线

5.1.2　pH 对 CPAM 吸附的影响

图 5-5 为 pH 对 CPAM(阳离子聚丙烯酰胺)在黏土矿物上的吸附的影响,从图中可观察到,随着 pH 从 2 提高到 6,阳离子聚丙烯酰胺在高岭石和蒙脱石上的吸附量迅速下降,而在伊利石上的吸附量变化较小;在 pH=6~8 时,阳离子聚丙烯酰胺在三种黏土矿物上的吸附量变化较小;随着 pH 从 8 增加到 12,阳离子聚丙烯酰胺在高岭石、伊利石和蒙脱石上的吸附量再次迅速提高。这是由于 pH 的变化会对矿物颗粒表面和阳离子聚丙烯酰胺的电荷产生影响,从而影响矿物颗粒与阳离子聚丙烯酰胺的吸附作用。

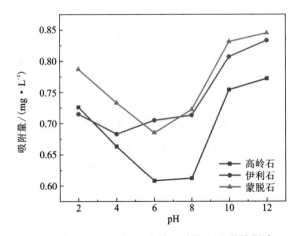

图 5-5　pH 对 CPAM 在黏土矿物上吸附的影响

5.1.3　无机盐离子对 CPAM 吸附的影响

图 5-6 为 Na$^+$、Ca^{2+}、Al^{3+}对 CPAM(阳离子聚丙烯酰胺)在黏土矿物上吸附的影响,由图可知,Na$^+$浓度的增加导致阳离子聚丙烯酰胺在伊利石上的吸附量急剧降低,但 Na$^+$对阳离子聚丙烯酰胺在蒙脱石和高岭石上的吸附影响较小,阳离子聚丙烯酰胺在蒙脱石上的吸附量随着 Na$^+$浓度的增加略有下降,阳离子聚丙烯酰胺在高岭石上的吸附量随着 Na$^+$浓度的增加略有提高。随着 Ca^{2+}和 Al^{3+}浓度的增加,阳离子聚丙烯酰胺在三种黏土矿物上的吸附量均明显下降,随着 Ca^{2+}的浓度从 0 mmol/L 增加到 20 mmol/L,阳离子聚丙烯酰胺在高岭石、伊利石与蒙脱石上的吸附量分别从 0.596 mg/g、0.690 mg/g、0.701 mg/g 下降到 0.471 mg/g、0.411 mg/g、0.614 mg/g,说明无机盐金属离子对阳离子聚丙烯酰胺在黏土矿物上的吸附有显著抑制作用。

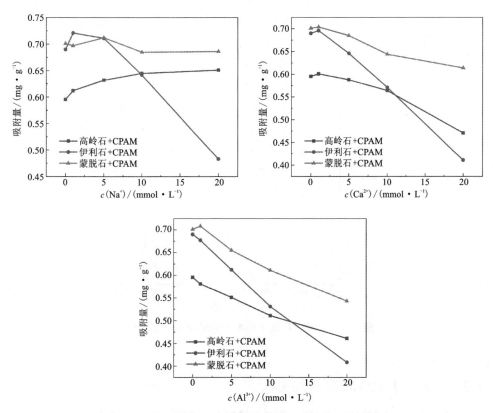

图 5-6　无机盐离子对 CPAM 在黏土矿物上吸附的影响

5.2 APAM 在黏土矿物上的吸附特性

5.2.1 吸附平衡时间

图 5-7 为 APAM(阴离子聚丙烯酰胺)在高岭石、伊利石与蒙脱石上时间-吸附量曲线,从图中可观察到,随着时间推移阴离子型聚丙烯酰胺吸附量先快速上升,然后吸附速率逐渐降低,180 min 以后,阴离子型聚丙烯酰胺在三种黏土矿物上的吸附达到平衡,在高岭石、伊利石和蒙脱石上的平衡吸附量分别为:0.324 mg/g、0.382 mg/g、0.452 mg/g。阴离子型聚丙烯酰胺在黏土矿物上的吸附量小于阳离子型聚丙烯酰胺在黏土矿物上的吸附量,说明高分子药剂的电性对其吸附有重要影响,由于黏土矿物有着较强的电负性,负电性的阴离子型聚丙烯酰胺吸附较为困难,但还是有一定的吸附量,说明 APAM 是依靠酰胺基的氢键作用与黏土矿物表面发生了吸附。阴离子型聚丙烯酰胺在不同黏土矿物上吸附量和吸附速率的差别体现了药剂在矿物表面的选择性吸附特性。

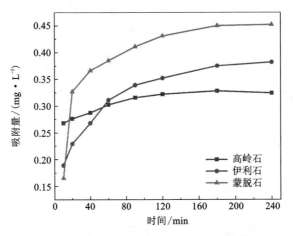

图 5-7 APAM 在黏土矿物上的时间-吸附量曲线

5.2.2 pH 对 APAM 吸附的影响

图 5-8 为 pH 对 APAM(阴离子聚丙烯酰胺)在黏土矿物上吸附的影响,由图可知,随着 pH 的增加,阴离子型聚丙烯酰胺在黏土矿物上的吸附量急剧降低,表明酸性条件更加有利于阴离子型聚丙烯酰胺在黏土矿物上的吸附。碱性条件下阴

离子型聚丙烯酰胺的羧基(COOH)更易发生解离反应(—COOH→—COO⁻+H⁺),药剂分子的负电性增加,与负电性黏土矿物颗粒间的静电斥力增大,并且碱性条件对酰胺基与矿物之间的氢键有着破坏作用,足够强的碱性甚至能使大分子的聚丙烯酰胺发生降解,这是 pH 增加导致阴离子型聚丙烯酰胺吸附量减少的主要原因。

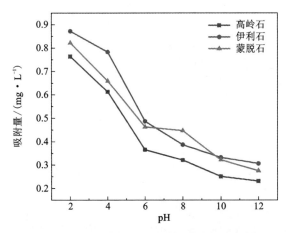

图 5-8　pH 对 APAM 在黏土矿物上吸附的影响

5.2.3　无机盐离子对 APAM 吸附的影响

图 5-9 为 Na^+、Ca^{2+}、Al^{3+} 对 APAM(阴离子聚丙烯酰胺)在黏土矿物上吸附的影响,由图中可知,Na^+、Ca^{2+}、Al^{3+} 均对阴离子型聚丙烯酰胺在高岭石、伊利石和蒙脱石上的吸附有明显的促进作用。随着无机盐离子价态和浓度的增加,阴离子型聚丙烯酰胺在各黏土矿物上的吸附量增加。$c(Na^+)$ 为 20 mmol/L 时,阴离子型聚丙烯酰胺在高岭石、伊利石和蒙脱石的吸附量分别为 0.513 mg/g、0.639 mg/g、0.587 mg/g,对比没有金属离子的情况,阴离子型聚丙烯酰胺的吸附量分别提高了 58.3%、67.3%、29.9%。在 Ca^{2+} 离子浓度为 20 mmol/L 时,阴离子型聚丙烯酰胺在高岭石、伊利石和蒙脱石上的吸附量分别提高了 120.6%、81.1%、42.7%。Al^{3+} 在 0~10 mmol/L 时,阴离子型聚丙烯酰胺的吸附量随着 Al^{3+} 浓度的增加而迅速增加,但当 $c(Al^{3+})$ 继续增加时,阴离子型聚丙烯酰胺的吸附量不再增加甚至是有所降低,这主要是由于高浓度 $AlCl_3$ 溶液中的 $AlOH^{2+}$、Al^{3+} 和 $Al(OH)^{2+}$ 与阴离子型聚丙烯酰胺的强烈作用导致有效官能团吸附活性降低,同时,分子链的构型被压缩。

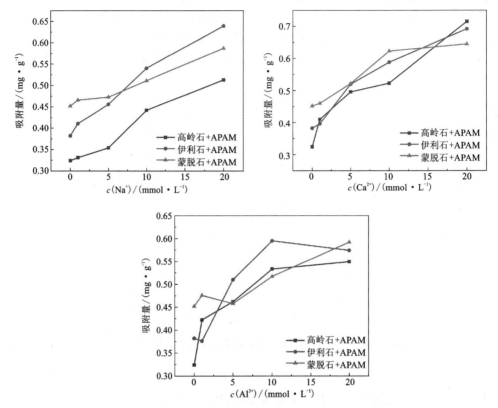

图 5-9 无机盐离子对 APAM 在黏土矿物上吸附的影响

5.3 PAM 在黏土矿物上的吸附特性

5.3.1 吸附平衡时间

图 5-10 为 PAM(聚丙烯酰胺)在高岭石、伊利石与蒙脱石上的时间-吸附量曲线,由图可知,随着时间推移,聚丙烯酰胺在三种黏土矿物上的吸附量变化趋势较为相近,120 min 以后,聚丙烯酰胺在各黏土矿物上的吸附达到平衡状态,平衡吸附量分别为:高岭石-0.462 mg/g、伊利石-0.491 mg/g、蒙脱石-0.483 mg/g。

与阴离子聚丙烯酰胺和阳离子聚丙烯酰胺的吸附情况相比,聚丙烯酰胺在高岭石、伊利石和蒙脱石上的平衡吸附量差异较小,阳离子聚丙烯酰胺在黏土矿物表面的平衡吸附量最高且速率最快,阳离子聚丙烯酰胺次之,阴离子聚丙烯酰胺

的吸附量最低，且速率最慢，表明电性是影响聚丙烯酰胺类絮凝剂吸附的重要
因素。

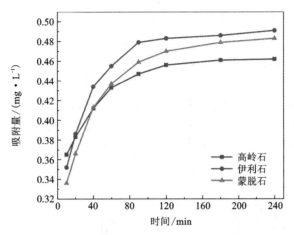

图 5-10　PAM 在黏土矿物上的时间-吸附量曲线

5.3.2　pH 对 PAM 吸附的影响

图 5-11 为 pH 对 PAM（聚丙烯酰胺）在黏土矿物上吸附的影响，由图可知，
随着 pH 的增加，聚丙烯酰胺在黏土矿物上的吸附量降低，说明酸性条件更有利
于聚丙烯酰胺的吸附，这与 pH 对阴离子聚丙烯酰胺吸附的影响规律是一致的。

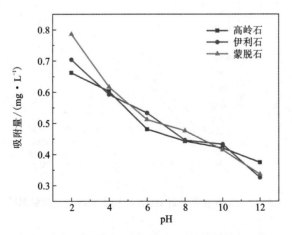

图 5-11　pH 对 PAM 在黏土矿物上吸附的影响

5.3.3 无机盐离子对 PAM 吸附的影响

图 5-12 为 Na$^+$、Ca^{2+}、Al^{3+}对 PAM(聚丙烯酰胺)在黏土矿物上吸附的影响,由图可知,无机盐离子对聚丙烯酰胺在高岭石、伊利石和蒙脱石上的吸附有着明显的促进作用。20 mmol/L 的 Na$^+$可以使得聚丙烯酰胺在高岭石、伊利石与蒙脱石上的吸附量分别提高 10.6%、19.3%和 24.8%;20 mmol/L 的 Ca^{2+}可以使聚丙烯酰胺在高岭石、伊利石和蒙脱石上的吸附量分别提高 38.7%、31.6%和 31.1%;20 mmol/L 的 Al^{3+}可以使聚丙烯酰胺在高岭石、伊利石和蒙脱石上的吸附量分别提高 33.9%、28.9%、28.0%。Ca^{2+}对聚丙烯酰胺吸附的促进作用强于 Na$^+$,Al^{3+}尽管带有更高的电荷量,但由于其对聚丙烯酰胺分子链构型的影响,使其对聚丙烯酰胺吸附的促进作用略弱于 Ca^{2+}。

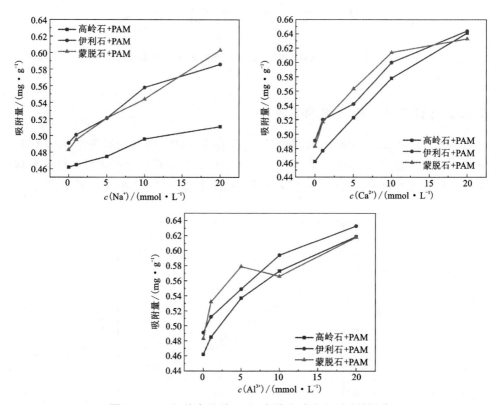

图 5-12 无机盐离子对 PAM 在黏土矿物上吸附的影响

5.4　高分子药剂的吸附等温曲线与热力学

5.4.1　吸附等温曲线

吸附等温曲线是在恒温状态下,溶质分子在固液两相界面上进行吸附后达到平衡时,固液两相中的浓度关系曲线,以此来描述吸附量与平衡浓度之间的关系,高分子絮凝剂的吸附过程多用 Langmiur 和 Freundlich 吸附等温线方程描述。

图 5-13 为 CPAM、APAM 及 PAM 在黏土矿物上的吸附等温曲线,由图可知,不同类型聚丙烯酰胺的平衡吸附量先是快速增加,然后增加速率逐渐降低,其中阳离子聚丙烯酰胺的平衡吸附量增加最快,聚丙烯酰胺次之,阴离子聚丙烯酰胺的吸附量增加速度最慢。阳离子聚丙烯酰胺在浓度为 10~15 mg/L 时趋于吸附平衡,而阴离子聚丙烯酰胺与聚丙烯酰胺在浓度 15~20 mg/L 时逐渐达到吸附平衡,聚丙烯酰胺在低浓度范围内的等温吸附曲线更趋近于 Langmiur 吸附模型。根据前人研究的聚丙烯酰胺在矿物颗粒上的吸附规律,在不同的浓度范围内,聚丙烯酰胺的吸附等温曲线可以分为三个部分:当聚丙烯酰胺的浓度较低时,其吸附量会随着吸附平衡浓度的增加而快速增加,图像呈 L 形;当聚丙烯酰胺的浓度处于中间范围时,其吸附量增加逐渐放缓并趋于平衡;当聚丙烯酰胺的浓度较高时,其吸附量会因为达到临界胶束浓度而继续增大,图像呈 S 形曲线,图 5-13 中即为 L 形等温吸附曲线,即为较低浓度下的吸附等温曲线。

通过对比三种聚丙烯酰胺的吸附等温曲线可知,同一药剂在不同黏土矿物表面的吸附量差异是不同的,其中阴离子聚丙烯酰胺在高岭石、伊利石和蒙脱石上的吸附量差异最大,差异性越大说明其选择性吸附性能越好,阴离子聚丙烯酰胺对黏土矿物的选择性吸附性最好,阳离子聚丙烯酰胺次之,而聚丙烯酰胺在不同黏土矿物上的平衡吸附量接近,选择性最差。

Langmiur 吸附等温线方程的线性表达式(5-1):

$$\frac{C_e}{A_e} = \frac{1}{dQ_m} + \frac{C_e}{Q_m} \tag{5-1}$$

式(5-1)中 C_e 为达到吸附平衡时溶液中的药剂的浓度(mg/L); A_e 为吸附达到平衡时药剂的吸附量(mg/g); d 为 Langmiur 吸附常数,与吸附热相关, Q_m 为药剂吸附的最大饱和吸附量(mg/g)。

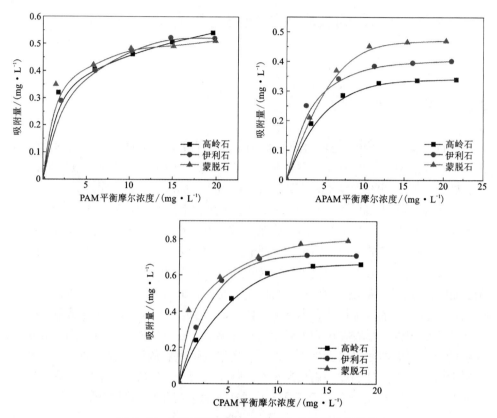

图 5-13 高分子药剂在黏土矿物上的吸附等温曲线

Freundlich 吸附等温线方程的线性表达式(5-2):

$$\ln A_e = \frac{1}{k}\ln C_e + \ln L \tag{5-2}$$

式(5-2)中 A_e 为吸附达到平衡时药剂的吸附量(mg/g);C_e 为达到吸附平衡时溶液中的药剂的浓度(mg/L);$1/k$ 为吸附强度;L 为衡量药剂吸附能力的系数,其中 $\ln A_e$ 与 $\ln C_e$ 呈线性关系。

在 25℃下,CPAM、APAM、PAM 在三种黏土矿物上的吸附等温线的拟合参数分别见表 5-2、表 5-3、表 5-4。

表 5-2　CPAM 等温吸附方程的拟合参数

Langmiur 吸附模型				Freundlich 吸附模型			
系数	高岭石	伊利石	蒙脱石	系数	高岭石	伊利石	蒙脱石
Q_m	0.809	0.806	0.856	L	0.206	0.294	0.415
d	0.274	0.491	0.674	k	2.262	2.856	4.153
R^2	0.993	0.992	0.997	R^2	0.939	0.855	0.991
拟合方程	$C_e/A_e =$ 4.51+1.24C_e	$C_e/A_e =$ 2.526+ 1.24C_e	$C_e/A_e =$ 1.732+ 1.17C_e	拟合方程	$\ln A_e =$ 0.44$\ln C_e$ -1.58	$\ln A_e =$ 0.35$\ln C_e$ -1.23	$\ln A_e =$ 0.24$\ln C_e$ -0.88

表 5-3　APAM 等温吸附方程的拟合参数

Langmiur 吸附模型				Freundlich 吸附模型			
系数	高岭石	伊利石	蒙脱石	系数	高岭石	伊利石	蒙脱石
Q_m	0.390	0.439	0.582	L	0.144	0.213	0.151
d	0.359	0.560	0.245	k	3.287	4.421	2.404
R^2	0.996	0.999	0.984	R^2	0.903	0.941	0.877
拟合方程	$C_e/A_e =$ 7.14+2.56C_e	$C_e/A_e =$ 4.07+ 2.28C_e	$C_e/A_e =$ 7.01+ 1.72C_e	拟合方程	$\ln A_e =$ 0.31$\ln C_e$ -1.93	$\ln A_e =$ 0.22$\ln C_e$ -1.55	$\ln A_e =$ 0.42$\ln C_e$ -1.89

表 5-4　PAM 等温吸附方程的拟合参数

Langmiur 吸附模型				Freundlich 吸附模型			
系数	高岭石	伊利石	蒙脱石	系数	高岭石	伊利石	蒙脱石
Q_m	0.587	0.590	0.534	L	0.279	0.241	0.329
d	0.453	0.415	0.885	k	4.56	3.615	6.666
R^2	0.993	0.997	0.998	R^2	0.997	0.977	0.983
拟合方程	$C_e/A_e =$ 3.76+ 1.70C_e	$C_e/A_e =$ 4.08+ 1.69C_e	$C_e/A_e =$ 2.12+ 1.87C_e	拟合方程	$\ln A_e =$ 0.22$\ln C_e$ -1.58	$\ln A_e =$ 0.28$\ln C_e$ -1.42	$\ln A_e =$ 0.15$\ln C_e$ -1.11

由表 5-2、表 5-3 和表 5-4 可知，CPAM、APAM、PAM 在高岭石、伊利石、蒙脱石上的吸附更加符合 Langmiur 吸附模型，相关系数普遍大于 0.99，而 Freundlich 模型的相关系数较低，即说明聚丙烯酰胺类絮凝剂在黏土矿物上的吸附更趋近于药剂的单层吸附。从阳离子聚丙烯酰胺（CPAM）等温吸附方程的拟合参数中可知，阳离子聚丙烯酰胺在高岭石、伊利石与蒙脱石上的饱和吸附量分别为 0.809 mg/g、0.806 mg/g、0.856 mg/g，同时 Langmiur 吸附参数中的 d 值可以反映吸附等温曲线向吸附量纵轴的凸向程度，阳离子聚丙烯酰胺吸附时 d 值大小顺序为：蒙脱石，伊利石，高岭石。阴离子聚丙烯酰胺（APAM）在高岭石、伊利石、蒙脱石上的饱和吸附量分别为 0.390 mg/g、0.439 mg/g、0.582 mg/g，平衡吸附常数 d 值的大小顺序为：伊利石，高岭石，蒙脱石。聚丙烯酰胺（PAM）在高岭石、伊利石、蒙脱石上的饱和吸附量分别为：0.587 mg/g、0.590 mg/g、0.534 mg/g，平衡吸附常数 d 值的大小顺序为：蒙脱石，高岭石，伊利石。

综上所述，不同类型的聚丙烯酰胺在黏土矿物上的吸附均符合 Langmiur 吸附模型，即以单层吸附为主，且不同类型的聚丙烯酰胺的饱和吸附量大小顺序为：阳离子聚丙烯酰胺 CPAM，聚丙烯酰胺 PAM，阴离子聚丙烯酰胺 APAM。

5.4.2　吸附热力学

在药剂的吸附过程中温度是一项重要的影响因素，利用对吸附过程的热力学研究可以较为准确地分析并解释药剂在矿物表面的吸附规律。吸附热力学的主要参数有吸附标准自由能变化 ΔG、反应的标准熵变 ΔS、ΔH 标准热力学焓变。

其中吸附焓变 ΔH（kJ/mol）可以根据式（5-3）的 Clapeyron-clausius 方程计算：

$$\ln \frac{1}{C_e} = \ln K_L + \left(-\frac{\Delta H}{RT}\right) \tag{5-3}$$

式（5-3）中，C_e 为在某一温度下吸附平衡时的溶液浓度（mg/L）；K_L 为吸附平衡常数；R 为理想气体常数[8.314 J/（mol·K）]；T 为开尔文温度（K）。在不同温度（288 K，298 K，308 K）下，平衡吸附量为 A_e 时，平衡浓度 C_e 可由 Langmiur 吸附方程求得，ΔH 可以通过 $\ln(1/C_e)$ 与 $1/T$ 拟合后直线的斜率求出。

吸附标准自由能变化 ΔG（kJ/mol）计算公式为：

$$\Delta G = -RT \ln K_L \tag{5-4}$$

标准熵变与焓变的关系式为：

$$\Delta S = \frac{(\Delta H - \Delta G)}{T} \tag{5-5}$$

式（5-5）的 ΔS 值可以通过 $\ln K_L - 1/T$ 拟合求出。根据上述方程可求出 ΔH、ΔG、ΔS 参数，各药剂与黏土矿物的吸附热力学计算结果见表 5-5、表 5-6 和表 5-7。通常 ΔG 值的正负关系到吸附能否自发进行，并且 ΔG 值为负时，其值越小则说明吸附过程中物理吸附占据主要作用，计算结果表明 CPAM、APAM、PAM 在黏土矿物表面吸附的 ΔG 值均小于 0，并且随着温度的升高其标准自由能变化值降低，说明聚丙烯酰胺类絮凝剂在黏土矿物上的吸附为自发吸附，且温度的增加能够促进吸附。吸附熵变 ΔS 为正值，其数值越大代表药剂吸附在矿物表面的随机性越大，从表 5-5、表 5-6 和表 5-7 可知 CPAM 吸附在三种黏土矿物表面的 ΔS 值最为接近，说明阳离子聚丙烯酰胺在不同黏土矿物上的吸附随机性较为一致。吸附焓变 ΔH 值大于 0，表明药剂在矿物表面的吸附过程是吸热的，该数值越大则能够体现出吸附过程对温度的敏感程度，阴离子聚丙烯酰胺吸附焓变 ΔH 值最大，说明阴离子聚丙烯酰胺的吸附过程受温度的影响最为显著，阳离子聚丙烯酰胺的吸附过程受温度的影响较小。

表 5-5　CPAM 吸附的热力学参数

热力学参数		高岭石	伊利石	蒙脱石
$\Delta G/(\text{kJ}\cdot\text{mol}^{-1})$	288 K	-23.4	-22.33	-21.27
	298 K	-27.26	-26.91	-27.31
	308 K	-31.32	-30.72	-32.65
$\Delta H/(\text{kJ}\cdot\text{mol}^{-1})$		37.26	40.17	45.22
$\Delta S/(\text{J}\cdot\text{K}^{-1}\cdot\text{mol}^{-1})$	288 K	210.60	217.01	230.86
	298 K	216.50	225.10	243.38
	308 K	222.66	231.88	252.82

表 5-6　APAM 吸附的热力学参数

热力学参数		高岭石	伊利石	蒙脱石
$\Delta G/(\text{kJ}\cdot\text{mol}^{-1})$	288 K	-18.28	-17.38	-19.66
	298 K	-25.77	-20.33	-22.81
	308 K	-30.39	-24.39	-25.74
$\Delta H/(\text{kJ}\cdot\text{mol}^{-1})$		63.11	55.73	64.95
$\Delta S/(\text{J}\cdot\text{K}^{-1}\cdot\text{mol}^{-1})$	288 K	282.60	253.85	293.78
	298 K	298.25	255.23	294.49
	308 K	303.57	260.13	294.44

表 5-7 PAM 吸附的热力学参数

热力学参数		高岭石	伊利石	蒙脱石
$\Delta G/(\text{kJ} \cdot \text{mol}^{-1})$	288 K	-17.64	-15.73	-19.86
	298 K	-19.38	-18.29	-24.73
	308 K	-21.75	-20.16	-29.55
$\Delta H/(\text{kJ} \cdot \text{mol}^{-1})$		53.74	46.50	51.26
$\Delta S/(\text{J} \cdot \text{K}^{-1} \cdot \text{mol}^{-1})$	288 K	247.85	216.07	246.94
	298 K	245.36	217.42	255.00
	308 K	245.09	216.43	262.37

5.5 高分子药剂吸附的 XPS 和 FT-IR 分析

5.5.1 XPS 分析

由于黏土矿物和药剂中主要元素有 C、N、O、Si、Al，因此主要使用 X 射线光电子能谱(XPS)对这几种元素进行扫描，其中 N 元素的结合能与相对含量的变化直接反映了聚丙烯酰胺类絮凝剂在黏土矿物表面的吸附情况变化。图 5-14 和表 5-8 表明，聚丙烯酰胺 PAM 可在三种黏土矿物表面形成吸附层，吸附后高岭石、伊利石及蒙脱石表面的 N1s 的峰强度都有着不同程度的增加。吸附聚丙烯酰胺后，三种黏土矿物表面的 C1s 相对含量都有了一定的增加，但结合能改变不大。高岭石、伊利石和蒙脱石与聚丙烯酰胺作用后 N1s 的结合能分别改变了-0.6 eV、-0.18 eV、-0.22 eV，高岭石和伊利石表面的 Al2p 结合能分别降低了 0.23 eV、0.28 eV，蒙脱石表面 Al2p 增加了 0.16 eV，处于仪器的误差(0.2 eV)之内。聚丙烯酰胺吸附后，高岭石表面的 Al2p 相对含量明显减少，Si2p 的含量变化很小，这表明聚丙烯酰胺更加容易与高岭石的铝氧八面体面发生吸附。

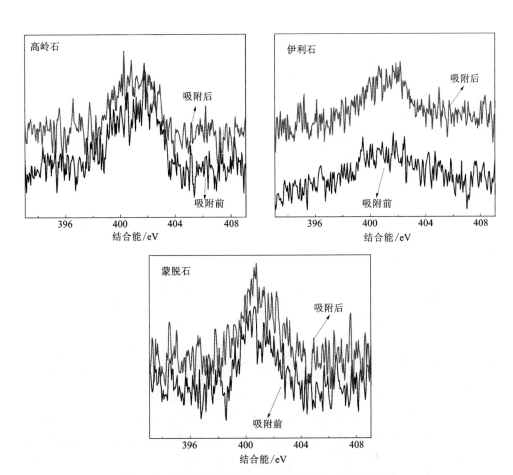

图 5-14　黏土矿物吸附 PAM 前后的 N1s 的 XPS 图谱

表 5-8　黏土矿物吸附 PAM 前后的元素结合能及相对含量

试样	原子轨道	结合能/eV		能量迁移/eV	相对含量/%	
		吸附前	吸附后		吸附前	吸附后
高岭石	C1s	284.81	284.78	-0.03	5.75	5.88
	N1s	401.75	401.15	-0.6	0.40	0.75
	O1s	531.59	531.7	0.11	63.66	63.81
	Si2p	102.53	102.63	0.1	15.71	15.86
	Al2p	74.19	73.92	-0.23	14.49	13.95

续表5-8

试样	原子轨道	结合能/eV		能量迁移/eV	相对含量/%	
		吸附前	吸附后		吸附前	吸附后
伊利石	C1s	284.8	284.82	0.02	5.01	5.36
	N1s	401.68	401.5	−0.18	0.81	0.53
	O1s	531.64	531.59	−0.05	62.42	62.34
	Si2p	102.52	102.48	−0.04	18.81	19.03
	Al2p	74.3	74.02	−0.28	12.95	12.74
蒙脱石	C1s	284.82	284.81	−0.01	5.44	6.9
	N1s	400.53	400.31	−0.22	0.47	0.59
	O1s	531.61	531.75	0.14	64.43	63.82
	Si2p	102.35	102.53	+0.18	22.43	21.65
	Al2p	74.16	74.32	+0.16	7.22	7.04

5.5.2　FT-IR 分析

利用傅立叶变换红外光谱（FT-IR）测试了本章试验用的不同类型聚丙烯酰胺，见图 5-15，游离的 N-H$_2$ 对应的特征峰分别为 3425 cm^{-1}、3439 cm^{-1}、3462 cm^{-1}，亚甲基的特征峰对应为 2917~2919 cm^{-1}，酰胺基的特征峰分别对应为 1636 cm^{-1}、1640 cm^{-1}、1641 cm^{-1}，亚甲基变形在 1461 cm^{-1} 处，C-N 的伸缩振动在 1162~1167 cm^{-1} 与 1116~1125 cm^{-1} 处。

图 5-16 为高岭石、伊利石、蒙脱石吸附高分子絮凝剂的红外光谱图，由图可知，试验用的高岭石的特征峰位于 1100 cm^{-1}、1030 cm^{-1}、910 cm^{-1}，其中 1100 cm^{-1} 为 Si-O-Al 的特征吸收峰，伊利石与蒙脱石在 3624 cm^{-1}、3619 cm^{-1} 处出现了 Al-Al-OH 伸缩振动，而其弯曲振动出现在 910 cm^{-1}，这是 2∶1 型黏土矿物的典型特征，伊利石与蒙脱石在 1010 cm^{-1} 与 1030 cm^{-1} 的强谱带是有 Si—O 伸缩振动引起的。黏土矿物吸附药剂后，在 1636~1640 cm^{-1} 处的酰胺基特征峰都有所增强，该峰在吸附非离子型聚丙烯酰胺 PAM 后更为明显，并且游离的 N-H$_2$ 基团吸收峰强度增大，吸附 CPAM、PAM、APAM 的黏土矿物表面亲水与疏水官能团变化不大，聚丙烯酰胺类絮凝剂对黏土矿物表面的亲疏水性影响较小。

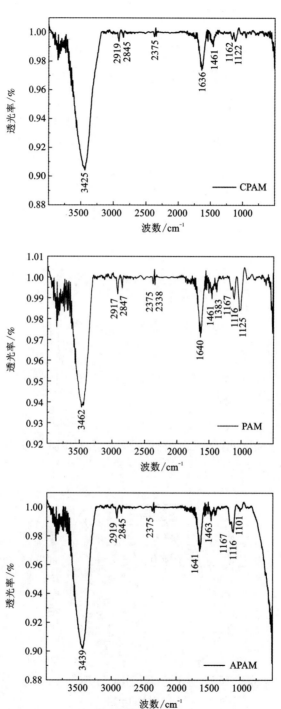

图 5-15　试验用聚丙烯酰胺类絮凝剂的红外光谱图

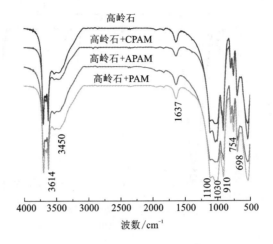

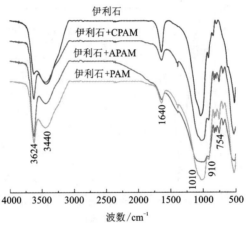

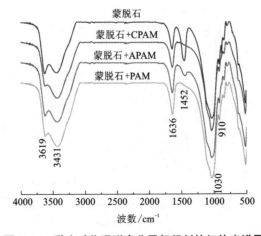

图 5-16　黏土矿物吸附高分子絮凝剂的红外光谱图

5.6　高分子药剂与蒙脱石作用的 QCM-D 研究

本节 QCM-D 试验用蒙脱石来自美国普渡大学黏土矿物学会（The Clay Minerals Society，Purdue University），为钠基蒙脱石（Na-Rich montmorillonite），产品编号 SWy-2，纳米蒙脱石悬浮液制备过程为：配制质量分数 5% 的蒙脱石悬浮液，搅拌三天，使其吸水膨胀达到平衡，且足够分散，之后使用超声粉碎仪处理 2 小时，强度为最大振幅的 30%，最后将蒙脱石悬浮液静置三天，使大颗粒自然沉降，收集沉降后 1/2 位置以上悬浮液（浓度约为 0.8%）用作 QCM-D 样品，由图 5-17 可知制备的纳米蒙脱石样品的中值粒度 d_{50} 为 368.8 nm。

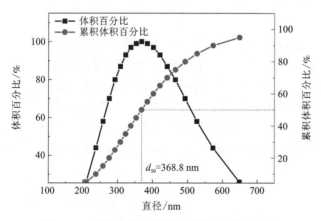

图 5-17　制备的纳米蒙脱石悬浮液的粒度分布

5.6.1　纳米蒙脱石在氧化铝表面的吸附

用 QCM-D 研究不同 pH 下纳米蒙脱石在氧化铝传感器表面的吸附情况，如图 5-18 所示，pH=7.7 时，纳米蒙脱石悬浮液加入后，引起的频率和耗散变化很小，表明在该 pH 下，蒙脱石较难吸附至氧化铝表面；pH=6.4 时，频率降幅为 102 Hz 左右，耗散增加 4.4×10^{-6}，表明有部分纳米蒙脱石颗粒吸附在了氧化铝表面，加入水清洗后，频率升高 22 Hz，耗散降低 9×10^{-6}，表明有部分蒙脱石颗粒发生了脱附；在 pH=5.4 和 pH=4.4 的情况下，频率和耗散有了大幅度变化，特别是在 pH=4.4 时，频率降低幅度高达 508 Hz，耗散增加 2.2×10^{-6}，表明此时氧化铝表面对蒙脱石颗粒有极强的吸附作用，产生了较大的吸附量。整体而言，随着 pH 的减小，蒙脱石与氧化铝表面吸附作用增强，吸附量大幅度提高。

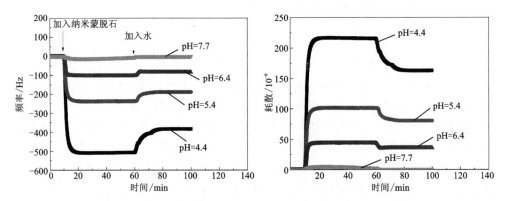

图 5-18　不同 pH 下纳米蒙脱石在氧化铝表面的 QCM-D 测试结果

　　pH 对蒙脱石和氧化铝间作用的影响可以通过 Zeta 电位进行解释，图 5-19 为本节研究用纳米蒙脱石颗粒 Zeta 电位与 pH 值的关系，由图可知，蒙脱石颗粒具有高负电性，Zeta 电位绝对值随着 pH 降低而降低，即使在 pH=2.1 时，其电位仍高达-26.5 mV。而据文献报道，氧化铝的零电点通常 pH 为 8~9，低于其零电点时，Zeta 电位为正，随着 pH 的降低而迅速增加，因此随着 pH 的降低，正电性氧化铝表面和负电性蒙脱石颗粒间的吸附作用增强，蒙脱石吸附量增加。

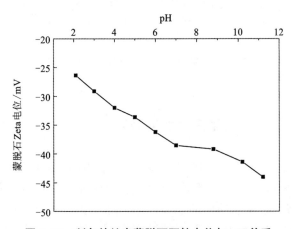

图 5-19　制备的纳米蒙脱石颗粒电位与 pH 关系

5.6.2　高分子药剂在蒙脱石表面的吸附

由上节内容可知，pH 的降低可以大大提高蒙脱石在氧化铝表面的吸附量，为了间接研究高分子药剂在蒙脱石上的吸附，先在 pH＝4.7 的环境下使蒙脱石颗粒吸附到表面，这个 pH 下可以产生极大的吸附量，但 pH 不宜太低，在 pH 低于4 时，氧化铝表面容易被强酸腐蚀。在蒙脱石吸附稳定后，先通入水，使 pH 回归，再通入高分子药剂溶液。其中阴离子聚丙烯酰胺 APAM 选择了 2 种，编号分别为 APAM 155 和 APAM 5250。结果如图 5-20 所示，由图可知，纳米蒙脱石悬浮液加入后，频率降低 400 Hz 左右，表明蒙脱石颗粒的大量吸附，加入水清洗后，频率提高 70 Hz，表明有部分吸附不牢固的蒙脱石颗粒从表面脱附，图 5-21为吸附有蒙脱石颗粒的氧化铝表面的 SEM 图，由图可看到大量蒙脱石颗粒对表面的覆盖情况，由于蒙脱石的吸水膨胀，其形状较为不规则，这与文献报道一致，之后加入聚丙烯酰胺类絮凝剂溶液，结果表明 2 种阴离子聚丙烯酰胺引起的频率和耗散的变化是极小的，说明阴离子聚丙烯酰胺的吸附量极低，与其他类型聚丙烯酰胺相比，其吸附甚至是可以忽略的，聚丙烯酰胺和阳离子聚丙烯酰胺引起的频率变化分别高达-61 Hz 和-158 Hz，引起的耗散变化分别为 $1.9×10^{-6}$ 和 $6.2×10^{-6}$。

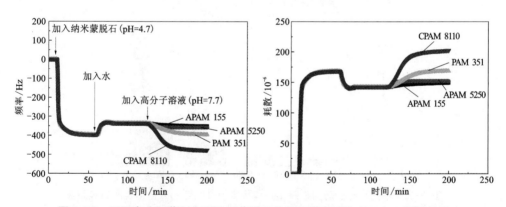

图 5-20　不同高分子药剂在预吸附蒙脱石的氧化铝表面的 QCM-Q 测试结果

采用 voigt 模型对数据进行拟合计算了不同高分子药剂在氧化铝表面和预先吸附有蒙脱石的氧化铝表面的吸附量，由图 5-22 可知，两种情况下，阳离子聚丙烯酰胺的吸附量都为最高，阴离子聚丙烯酰胺的吸附量最低。聚丙烯酰胺在氧化铝表面和存有蒙脱石吸附层的氧化铝表面的吸附量分别为 0.71 mg/cm³ 和 1.28 mg/cm³。阳离子聚丙烯酰胺在氧化铝表面和存有蒙脱石吸附层的氧化铝表面的吸附量分别为 1.26 mg/cm³ 和 3.61 mg/cm³，蒙脱石的存在可以大大促进阳离子

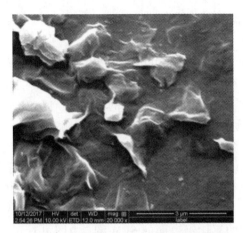

图 5-21 pH=4.7 时蒙脱石在氧化铝表面吸附的 SEM

聚丙烯酰胺的吸附,说明蒙脱石与阳离子聚丙烯酰胺间的作用极强,而与阴离子聚丙烯酰胺间的作用很弱。

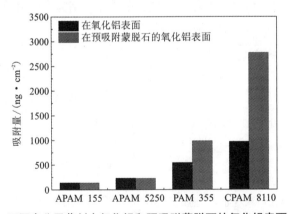

图 5-22 不同高分子药剂在氧化铝和预吸附蒙脱石的氧化铝表面的吸附量

5.6.3 高分子药剂对蒙脱石颗粒的架桥连接

为了更清晰地研究絮凝剂和蒙脱石颗粒间的连接作用,在高分子药剂吸附层形成后,继续通入蒙脱石悬浮液,频率变化和过程说明如图 5-23 所示,由图可知,蒙脱石在阳离子聚丙烯酰胺环吸附层存在的条件下引起的频率降幅最大(-580 Hz),这表明阳离子聚丙烯酰胺对蒙脱石颗粒有着极强的架桥连接作用,蒙脱石在聚丙烯酰胺环吸附层存在的条件下引起的频率变化也较高,为-420 Hz,

这说明聚丙烯酰胺对蒙脱石颗粒的架桥连接作用也较强，但略低于阳离子聚丙烯酰胺，而阴离子聚丙烯酰胺环境下，频率几乎没有降低，说明其与蒙脱石颗粒间作用极弱，几乎不能起到连接作用。

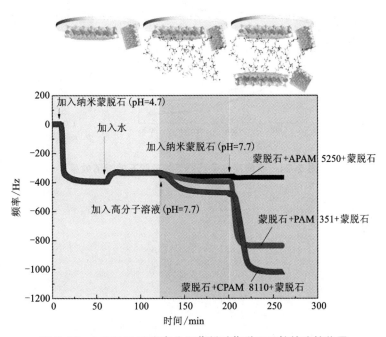

图 5-23　QCM-D 研究高分子药剂对蒙脱石颗粒的连接作用

5.6.4　高分子药剂对蒙脱石悬浮液的澄清效果

图 5-24 为不同药剂下的澄清效果，澄清时间为 10 min，由图可知，蒙脱石澄清需要的药剂量极大，对于未添加任何高分子药剂的原蒙脱石悬浮液，浊度为 580 NTU，在药剂量为 200 g/t 时，阴离子聚丙烯酰胺的整体澄清效果略强于聚丙烯酰胺和阳离子聚丙烯酰胺，这可能是由高分子药剂间实际分子量的差距导致的，通常情况下分子量越大，起到澄清效果的药剂量越小。随着药剂量的增加，聚丙烯酰胺和阳离子聚丙烯酰的澄清效果开始明显，在药剂量低于 750 g/t 时，聚丙烯酰胺的澄清效果略强于阳离子聚丙烯酰胺，但在药剂足够多的情况下，阳离子聚丙烯酰胺的浊度最小，澄清效果最好。

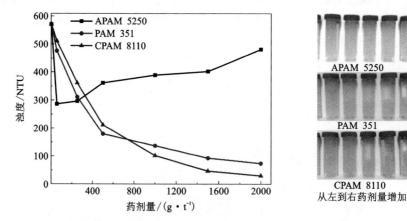

图 5-24　不同高分子药剂下的蒙脱石的澄清效果

第 6 章　水及高分子与黏土矿物作用的分子模拟研究

本章主要探讨了水和高分子药剂与黏土矿物间的作用，计算过程使用的力场均为 Heinz 等人开发的 PCFF–INTERFACE 力场，该力场可提供精确的蒙脱石和高岭石力场参数。

6.1　水在蒙脱石层间吸附特性的模拟研究

图 6-1 为模拟用的高岭石和蒙脱石分子模型，高岭石模型的化学表达式为 $Al_2Si_2O_5(OH)_4$，蒙脱石模型由 PCFF–INTERFACE 力场中的模型数据库提供，该模型中部分 Al 原子被 Mg 原子取代，Na^+ 加入层间进行电荷补偿，与实际相符，蒙脱石模型化学式可以表达为 $Na_{0.75}[Mg_{0.75}Al_3](Si_4O_{10})_{7.5}(OH)_{3.75}$。

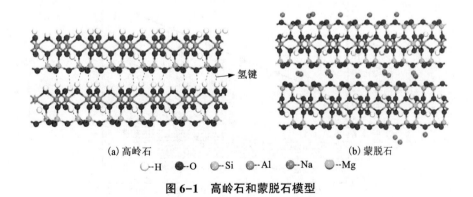

(a) 高岭石　　　　　　　　　　　　　　　(b) 蒙脱石

○--H　●--O　○--Si　○--Al　●--Na　○--Mg

图 6-1　高岭石和蒙脱石模型

6.1.1 蒙脱石膨胀曲线

建立如图 6-2 所示的不同含水量的超胞模型, 通过分子动力学(NPT 系综, 298 K, 1×10⁵ Pa)研究蒙脱石的膨胀曲线, 结果如图 6-3 所示, 无水蒙脱石的层间距(d-spacing)为 9.47 Å。随着水分子数量从 20 提高到 300, 层间距从 12.18 Å 增加至 21.20 Å, 模拟得到的蒙脱石膨胀行为与文献报道相符。

图 6-2　包含 50 个结构水的蒙脱石超胞模型的平衡构象

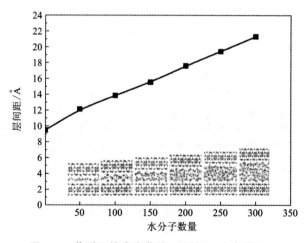

图 6-3　蒙脱石的膨胀曲线: 层间距-水含量关系

6.1.2　层间水分子分布规律

图 6-4 显示水分子在蒙脱石层间具有特定的取向,水分子中氢原子(H)更加靠近蒙脱石表面,水分子中的氧原子(O)离表面较远,使得水分子分布有序,当蒙脱石包含 100 结构水分子时,水分子呈单层分布,最高密度为 1 g/cm³[图 6-4(a)]。当蒙脱石包含 200 个结构水分子时,水分子呈三层分布,靠近蒙脱石表面的水分子层密度为 1.32 g/cm³,中间水层的密度为 1.1 g/cm³[图 6-4(b)]。当水分子数量提高到 300 时,水分子呈四层分布,最靠近蒙脱石表面的水分子层密度为 1.2 g/cm³[图 6-4(c)]。水分子与蒙脱石表面间的距离大约为 2 Å,水分子层之间的距离大约为 3 Å。

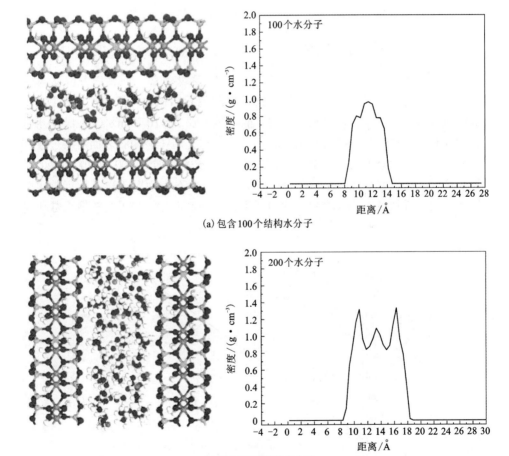

(a) 包含100个结构水分子

(b) 包含200个结构水分子

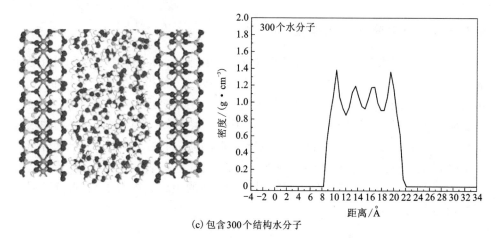

(c) 包含300个结构水分子

图6-4 不同含水量蒙脱石的结构和水的密度分布

6.1.3 层间水分子的扩散系数

将 NPT 系综平衡后的模型运行 200 ps NVT,采集数据,计算均方位移 MSD (图 6-5 所示),之后根据均方位移 MSD 计算蒙脱石结构水分子的扩散系数,如表 6-1 所示,结果表明,自由水分子的扩散系数为 6.77×10^{-5} cm²/s,在结构水分子为 100 时,水的扩散系数为 0.63×10^{-5} cm²/s,这是由于蒙脱石表面对水分子作用较强,降低了水分子的扩散能力。随着结构水分子增加到 200 或 300,水的扩散系数增大,这是由于此时水分子呈多层分布,蒙脱石表面对距离其较远的水分子层影响较小导致的。但是在结构水分子数量为 300 时,水分子的扩散系数仍是很低的。

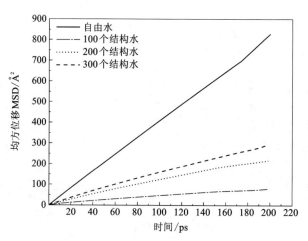

图6-5 自由水和蒙脱石层间结构水的均方位移

由均方位移计算扩散系数的公式为:

$$D = \frac{1}{6} \lim_{\Delta t \to \infty} \frac{\mathrm{d}MSD}{\mathrm{d}\Delta t} \qquad (6-1)$$

式(6-1)中 D 是扩散系数($\mathrm{m^2/s}$),均方位移-时间曲线的斜率为 $\lim\limits_{\Delta t \to \infty} \dfrac{\mathrm{d}MSD}{\mathrm{d}\Delta t}$。

表 6-1　自由水和蒙脱石层间结构水的扩散系数

蒙脱石含水	水的扩散系数/($10^{-5}\mathrm{cm^2 \cdot s^{-1}}$)
自由水	6.77
300 个结构水	2.40
200 个结构水	1.83
100 个结构水	0.63

6.2　水在黏土矿物间竞争吸附的模拟研究

6.2.1　水分子在高岭石和蒙脱石侧面间的竞争吸附

图 6-6 为水分子在蒙脱石和高岭石侧面吸附平衡图像,由图可知,在高岭石中,二氧化硅四面体总是指向相邻的氧化铝八面体,八面体上的羟基官能团(—OH)与四面体上的氧原子(O)间形成氢键,作用较强,使得高岭石层间的间隙较小(约 2.05 Å),水分子很难渗入高岭石层间,因此高岭石对煤泥脱水的影响只是由其表面对水的吸附导致的,影响较小。对于蒙脱石,层间作用较弱,层间间隙较大,水分子和层间水合阳离子可在其中扩散,进而蒙脱石在水中表现出很强的膨胀行为和高负电性,因此蒙脱石对煤泥脱水的影响除了其表面对水的吸附,层间吸水膨胀影响更为重要。

6.2.2　水分子在高岭石和蒙脱石基面间的竞争吸附

除了侧面,水在高岭石和蒙脱石基面的吸附对煤泥脱水也有一定影响,为了对比水分子在不同表面的竞争吸附情况,建立了如图 6-7 所示模型。模型中间填充了密度为 1.0 $\mathrm{g/cm^3}$ 的水分子体系(1200 个水分子),两侧分别为高岭石的二氧化硅四面体(T)和氧化铝八面体(O)表面,总真空层为 100 Å。在 NVT 系综下运行 800 ps,取最后 200 ps 数据统计水的分布情况。

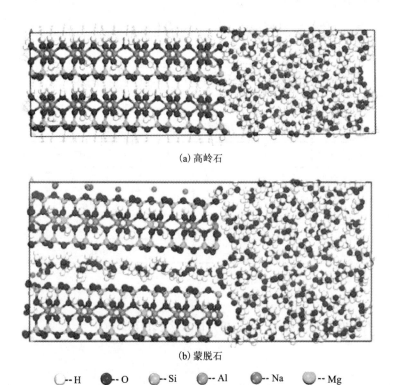

(a) 高岭石

(b) 蒙脱石

◯--H ●--O ◯--Si ◯--Al ◯--Na ◯--Mg

图 6-6　分子动力学模拟水在高岭石和蒙脱石侧面的吸附平衡构象 (298 K，1×10^5 Pa)

图 6-7　水在高岭石氧化硅四面体(T)和氧化铝八面体(O)表面吸附对比的初始模型

　　文献报道的水分子在高岭石表面的分布随着力场的不同而不同，使用 PCFF-INTERFACE 力场得到的结果中，水分子在高岭石二氧化硅四面体(T)和氧化铝八面体(O)表面主要分布有三层，总厚度大约为 10 Å，如图 6-8 所示，距离表面 12 Å 的水分子层密度在 1.0 g/cm³ 左右，表明这个距离的水分子受到高岭石表面的影响很小。吸附到氧化铝八面体表面的水分子层的峰值密度为 1.45 g/cm³，比吸附到二氧化硅四面体表面的水分子层密度高，且距离表面更近，这是由于水分子与氧化铝八面体表面的—OH 官能团形成氢键，作用更强导致的，因此高岭石氧化铝八面体表面要比二氧化硅四面体表面更加亲水，这与文献报道的水在高岭石不同面的吸附能数据吻合。

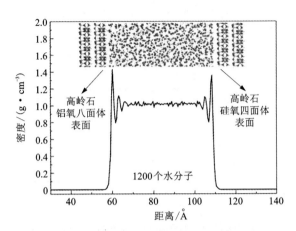

图 6-8　水在高岭石八面体和四面体表面的密度分布

　　采用相同的方法对比了水在高岭石表面和蒙脱石表面的吸附情况，由图 6-9 可知，距离蒙脱石表面最近的水分子层密度为 1.16 g/cm³，而距离高岭石氧化铝八面体表面的最近的水分子层密度为 1.4 g/cm³，说明高岭石氧化铝表面与水的作用更强，但蒙脱石表面的水分子层分布程度更大，水的总吸附层更厚一些，这与其表面存在的水合 Na^+ 有关，水在高岭石二氧化硅四面体表面和蒙脱石表面的吸附对比结果显示(图 6-10)，水在高岭石二氧化硅四面体表面吸附密度更大，也说明高岭石二氧化硅表面与水的作用更强。

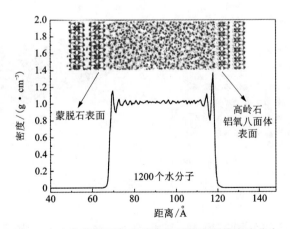

图 6-9　水在蒙脱石和高岭石八面体表面的密度分布

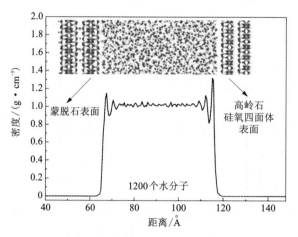

图 6-10　水在蒙脱石和高岭石四面体表面的密度分布

6.3　高分子在蒙脱石表面吸附的模拟研究

　　高分子药剂与蒙脱石作用模拟使用的蒙脱石模型如图 6-11 所示，为钠基蒙脱石，通过使用一定比例的阴离子(COO^-)或阳离子官能团($N(CH_3)_3^+$)取代聚丙烯酰胺(PAM)分子链中的酰胺基官能团($—CONH_2$)，构建不同离子度的阴离子聚丙酰胺(APAM)和阳离子聚丙烯酰胺(CPAM)分子。

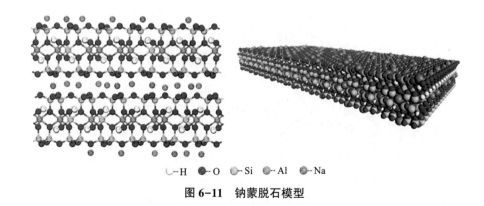

○—H　●—O　●—Si　○—Al　●—Na

图 6-11　钠蒙脱石模型

　　模拟中使用单层蒙脱石模型，长宽均为 3.6 nm。在蒙脱石表面上方放置 2500 个水分子(密度 1.0 g/cm³，厚度 57 nm)构建液体环境。几何优化后，使用

NPT 系综进行系统平衡，温度为 298 K，压力为 1×10^5 Pa，时间步为 1 fs，NPT 下总模拟时间为 3000 ps。最后在 NVT 系综下进行数据采集，模拟轨迹文件输出频率为 1 ps。NPT 下总模拟时间为 2000 ps，采集最后 500 ps 数据进行分析。

6.3.1 浓度分布规律

（1）聚丙烯酰胺 PAM 的浓度分布

图 6-12 为液相中 PAM 在蒙脱石表面的平衡构象，由图可知，聚丙烯酰胺分子中以蓝色氮原子为标志的氨基官能团更加靠近蒙脱石表面，氨基上的氢原子与蒙脱石表面氧原子间形成的氢键对聚丙烯酰胺在蒙脱石表面的吸附起到了非常大的作用，同时聚丙烯酰胺分子间也存在分子间或分子内氢键，这对聚丙烯酰胺分子的构型有一定影响。图 6-13 为统计 1000 ps 内各组分的分布规律，由图可知，在距离蒙脱石表面 3 Å，形成一层高密度的水分子层，可将其视为水化膜，而几乎在同一位置聚丙烯酰胺分布也最为集中，形成吸附层，这说明聚丙烯酰胺分子与蒙脱石表面作用很强，水化膜的存在对聚丙烯酰胺的吸附影响较小，Na^+离子层距离蒙脱石表面的分布距离比水分子和聚丙烯酰胺分子远一点。

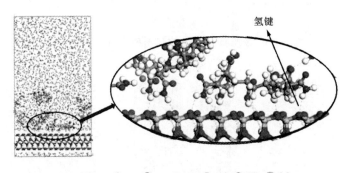

图 6-12　液相中 PAM 在蒙脱石表面吸附的平衡构象

（2）阴离子聚丙烯酰胺 APAM 的浓度分布

图 6-14 为液相中不同离子度 APAM 在蒙脱石表面吸附的平衡构象，由图可知，离子度为 12.5% 的阴离子聚丙烯酰胺分子仍可吸附至蒙脱石表面，但是离子度为 25.0% 和 37.5% 的阴离子聚丙烯酰胺分子却分散于水中，说明阴离子聚丙烯酰胺离子度较高时，与蒙脱石表面的作用较弱，这是由于蒙脱石和阴离子聚丙烯酰胺中的钠离子在水中游离，两者均表现出高负电性，电性相斥导致的。图 6-15 为统计得到的不同离子度阴离子聚丙烯酰胺的分布，由图可知，离子度的增加会使阴离子聚丙烯酰胺远离蒙脱石表面，作用减弱。在离子度为 12.5% 时，阴离子

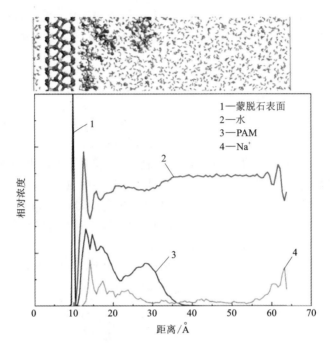

图 6-13 蒙脱石–PAM–水体系中各组分浓度分布

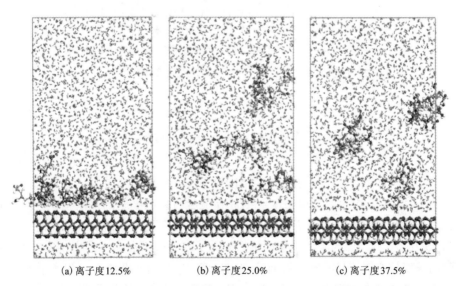

(a) 离子度12.5%   (b) 离子度25.0%   (c) 离子度37.5%

图 6-14 液相中不同离子度 APAM 在蒙脱石表面吸附的平衡构象

聚丙烯酰胺集中分布于蒙脱石表面 3 Å 附近，当离子度为 25.0% 时，阴离子聚丙烯酰胺呈现多层分布，说明一部分阴离子聚丙烯酰胺仍可吸附至蒙脱石表面，另一部分阴离子聚丙烯酰胺游离于水中，在离子度高达 37.5% 时，阴离子聚丙烯酰胺主要分布在距离蒙脱石 38 Å 处，更加远离蒙脱石表面，说明其与蒙脱石表面的作用极弱，大部分阴离子聚丙烯酰胺不能吸附至蒙脱石表面。

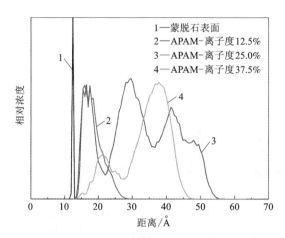

图 6-15　不同离子度 APAM 在模拟体系中的浓度分布

以离子度 25.0% 的阴离子聚丙烯酰胺体系为例，进一步研究了各种组分及官能团的分布，如图 6-16 所示，由图可知，在距离蒙脱石表面 3 Å 处，形成水化膜层，Na^+ 离子层距离蒙脱石表面的分布距离比水分子远一点，吸附至蒙脱石表面的阴离子聚丙烯酰胺层的位置与水化膜层的位置相近，虽然阴离子聚丙烯酰胺呈现多层分布，但阴离子聚丙烯酰胺分子中酰胺基（$CONH_2$）官能团的分布比其阴离子官能团（COO^-）的分布更加靠近蒙脱石表面（图 6-17），说明酰胺基（$CONH_2$）官能团与蒙脱石表面的氢键作用促进阴离子聚丙烯酰胺在蒙脱石表面的吸附，阴离子官能团（COO^-）与蒙脱石表面的排斥作用阻碍阴离子聚丙烯酰胺在蒙脱石表面的吸附，当阴离子聚丙烯酰胺中的阴离子官能团含量较低时，酰胺基与蒙脱石表面的吸附作用占主导，阴离子聚丙烯酰胺仍可与蒙脱石表面吸附，但当阴离子聚丙烯酰胺中的阴离子官能团含量较高时，阴离子官能团（COO^-）与蒙脱石表面的排斥作用占主导，使阴离子聚丙烯酰胺很难吸附至蒙脱石表面。

（3）阳离子聚丙烯酰胺 CPAM 的浓度分布

图 6-18 为液相中不同离子度 APAM 在蒙脱石表面的吸附平衡构象，由图可知，不同离子度 A 的阳离子聚丙烯酰胺均可吸附至蒙脱石表面，但吸附构型有区别，在离子度 A 为 12.5%，阳离子聚丙烯酰胺吸附层较为密实，当离子度 A 为

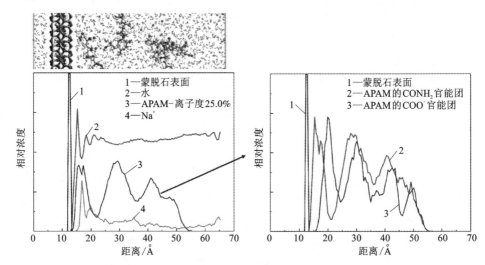

图 6-16 离子度 25.0%的 APAM 的模拟体系中各组分及官能团的浓度分布

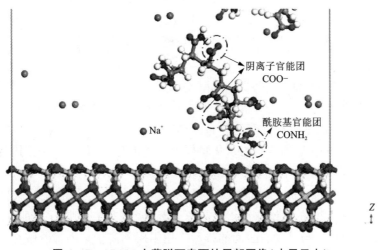

图 6-17 APAM 在蒙脱石表面的局部图像(未显示水)

25%或 35%时,阳离子聚丙烯酰胺吸附层较为松散,这是由于离子度升高使得阳离子聚丙烯酰胺分子内或分子间斥力增大导致的。图 6-19 为统计得到的不同离子度阳离子聚丙烯酰胺的分布,由图可知,阳离子聚丙烯酰胺均集中分布至距离蒙脱石 3 Å 左右的位置,但在离子度为 37.5%时,阳离子聚丙烯酰胺吸附层更宽,说明其更加松散。

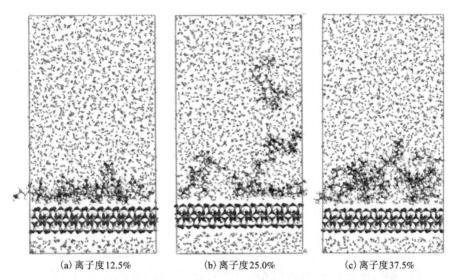

(a) 离子度12.5%　　　　　(b) 离子度25.0%　　　　　(c) 离子度37.5%

图 6-18　液相中不同离子度 APAM 在蒙脱石表面的吸附平衡构象

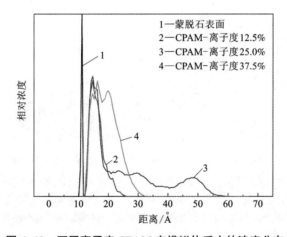

1—蒙脱石表面
2—CPAM-离子度12.5%
3—CPAM-离子度25.0%
4—CPAM-离子度37.5%

纵轴：相对浓度

横轴：距离/Å

图 6-19　不同离子度 CPAM 在模拟体系中的浓度分布

　　以离子度 25.0% 的阳离子聚丙烯酰胺体系为例，进一步研究各组分及官能团的分布，如图 6-20 所示，最靠近蒙脱石表面的是阴、阳离子聚丙烯酰胺和 Na^+ 的吸附层，Cl^- 离子层距离蒙脱石表面较远，这是 Cl^- 与蒙脱石表面电性相斥导致的，阳离子聚丙烯酰胺分子中阳离子官能团 $[N(CH_3)_3^+]$ 比酰胺基($CONH_2$)更加靠近蒙脱石表面(图 6-21)，说明阳离子官能团 $[N(CH_3)_3^+]$ 与蒙脱石的作用更强，阳离子聚丙烯酰胺中两种主要官能团均能促进其与蒙脱石的吸附。

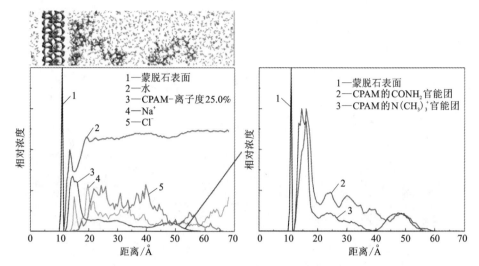

图 6-20　离子度 25.0%的 CPAM 的模拟体系中各组分及官能团的浓度分布

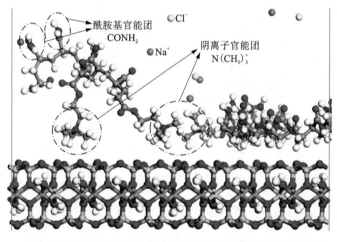

图 6-21　CPAM 在蒙脱石表面的局部图像(未显示水)

6.3.2　径向分布函数

为了进一步研究蒙脱石与不同类型聚丙烯酰胺间的相互作用,计算了径向分布函数并进行对比,结果如图 6-22 所示,由图可知,蒙脱石-阳离子聚丙烯酰胺(12.5%离子度)的径向分布函数在 11 Å 左右出现峰值,径向分布函数 $g(r)$ 值最高,说明离子度 12.5%的阳离子聚丙烯酰胺与蒙脱石的配位趋势最强,相互作用最强，其次分别为阴离子聚丙烯酰胺(12.5%离子度)、阳离子聚丙烯酰胺(25.0%离子度)、阳离子聚丙烯酰胺(37.5%离子度)、聚丙烯酰胺，而蒙脱石与离子度25.0%和37.5%的阴离子聚丙烯酰胺的径向分布函数无明显配位趋势，相互作用较弱，综合对比可知，将聚丙烯酰胺进行阳离子化处理和低离子度的阴离子化处理(12.5%离子度)，可以增强其与蒙脱石间的相互作用，对于阳离子聚丙烯酰胺，随着离子度的增加，其与蒙脱石间的配位作用减小，这是由于离子度增加，使阳离子聚丙烯酰胺分子间斥力增大，吸附层松散导致的，对于阴离子聚丙烯酰胺，在离子度达到25.0%和37.5%时，其与蒙脱石的配位作用极弱，这是由于其电荷与蒙脱石表面相斥导致的。

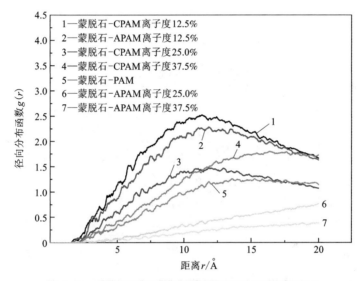

图 6-22　吸附蒙脱石表面的不同药剂的径向分布函数

图 6-23 为不同离子度 APAM 模拟体系中蒙脱石与各组分的径向分布函数，由图可知，蒙脱石与离子度 12.5%的阴离子聚丙烯酰胺的相互作用主要是由—$CONH_2$ 官能团引起的，此时蒙脱石与阴离子聚丙烯酰胺的配位能力强于蒙脱石与水的配位能力，而蒙脱石与离子度 25.0%和离子度 37.5%的阴离子聚丙烯酰胺的配位能力均弱于蒙脱石与水的配位能力。图 6-24 为不同离子度 CPAM 模拟体系中蒙脱石与各组分的径向分布函数，由图可知，此时蒙脱石与不同离子度阳离子聚丙烯酰胺的配位能力均强于蒙脱石与水的配位能力，且蒙脱石—$N(CH_3)_3^+$径向分布函数数值均高于蒙脱石—$CONH_2$，说明蒙脱石与—$N(CH_3)_3^+$的作用强于蒙脱石与—$CONH_2$ 官能团的作用。

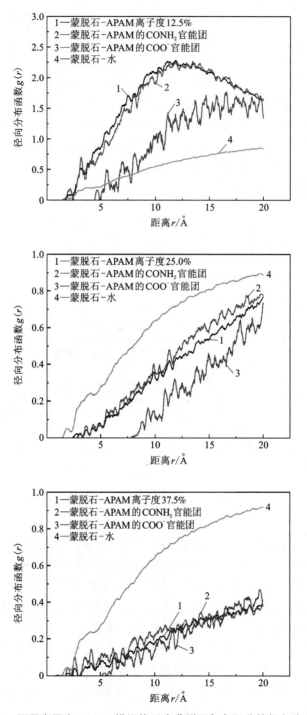

图6-23 不同离子度APAM模拟体系中蒙脱石与各组分的径向分布函数

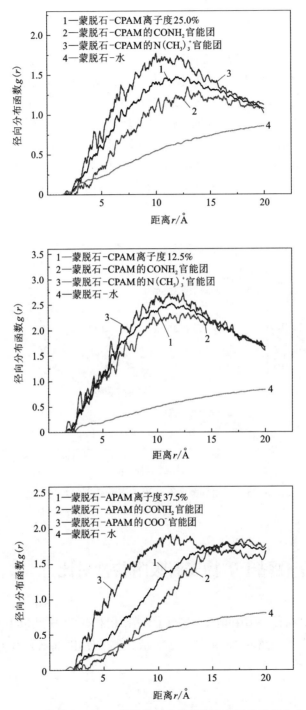

图 6-24　不同离子度 CPAM 模拟体系中蒙脱石与各组分的径向分布函数

6.3.3 均方位移 MSD

聚丙烯酰胺分子在蒙脱石表面吸附后,由于表面的限制作用,会导致分子扩散性能降低,这个作用可由均方位移分析得到,图6-25为吸附到蒙脱石表面的不同药剂的均方位移,由图可知,低离子度(12.5%)的阳离子聚丙烯酰胺和阴离子聚丙烯酰胺的时间-均方位移曲线的斜率最低,说明扩散能力低,受到蒙脱石表面的限制作用最强,聚丙烯酰胺、离子度为25.0%和37.5%的阳离子聚丙烯酰胺的均方位移曲线斜率相近,表明扩散性能相近,而离子度25.0%和37.5%的阴离子聚丙烯酰胺的均方位移斜率最大,说明扩散能力最高,受蒙脱石表面影响最小。

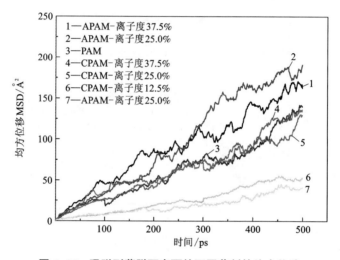

图6-25 吸附到蒙脱石表面的不同药剂的均方位移

6.4 高分子在黏土矿物表面吸附特性对比

高岭石和蒙脱石的模型在前几节进行了介绍,伊利石结构式为 $[KAl_2Si_3AlO_{10}(OH)_2]$ 其模型和晶胞参数如图6-26和表6-2所示。本节使用 ClayFF 力场进行研究。

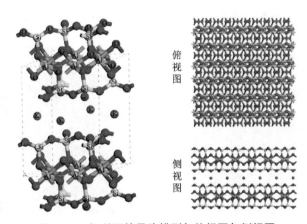

图 6-26 伊利石的晶胞模型与俯视图与侧视图

表 6-2 伊利石晶格优化参数

样品	晶格参数/Å			晶胞角/(°)		
	a	b	c	α	β	γ
伊利石模型	26.01	26.94	116.37	90.03	90.73	90.05
试验值(文献)	26.44	26.53	116.10	90.32	91.26	90.35

6.4.1 高分子药剂在不同黏土矿物表面的吸附构型对比

(1)阳离子聚丙烯酰胺 CPAM 的吸附构型对比

图 6-27 为 CPAM 在黏土矿物表面的吸附平衡构型(未显示水),对比可知,三种黏土矿物对阳离子聚丙烯酰胺吸附的紧密顺序为:高岭石,伊利石,蒙脱石。高岭石的表面容易与阳离子聚丙烯酰胺的不同基团之间产生明显的吸附,药剂分子在其表面吸附呈"平躺"状态,这种吸附状态使得药剂在高岭石表面有着更稳定的吸附,但"平躺"吸附会占用高岭石表面上更多活性点位。当阳离子聚丙烯酰胺分子链在伊利石和蒙脱石表面吸附时,其中阳离子官能团 $[N(CH_3)_3^+]$ 比酰氨基 $(CONH_2)$ 更加靠近伊利石和蒙脱石表面,说明阳离子官能团 $[N(CH_3)_3^+]$ 与蒙脱石的作用更强。

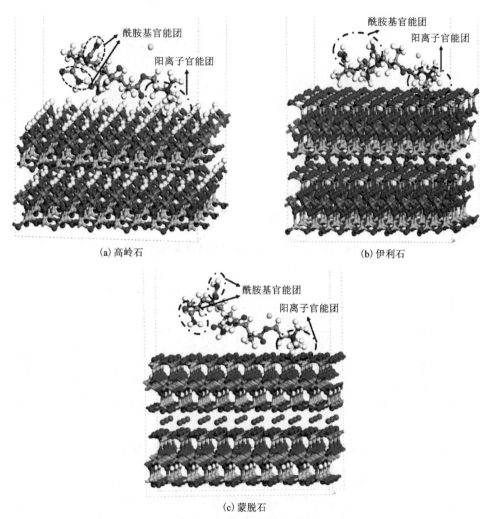

(a)高岭石

(b)伊利石

(c)蒙脱石

图6-27　CPAM 在黏土矿物表面的吸附平衡构型(未显示水)

(2)阴离子聚丙烯酰胺 APAM 的吸附构型对比

图 6-28 为液相中 APAM 与高岭石、伊利石、蒙脱石表面作用的吸附平衡构象图。由图中可知,阴离子聚丙烯酰胺分子在三种黏土矿物表面均能产生吸附,且吸附构象是十分类似的,即阴离子聚丙烯酰胺分子中的酰胺基($CONH_2$)相比其阴离子官能团(COO^-)更加靠近矿物表面,不同于阳离子型聚丙烯酰胺的是阴离子型聚丙烯酰胺与三种黏土矿物产生吸附的机理主要是酰胺基($CONH_2$)与矿物表面的氢键作用。

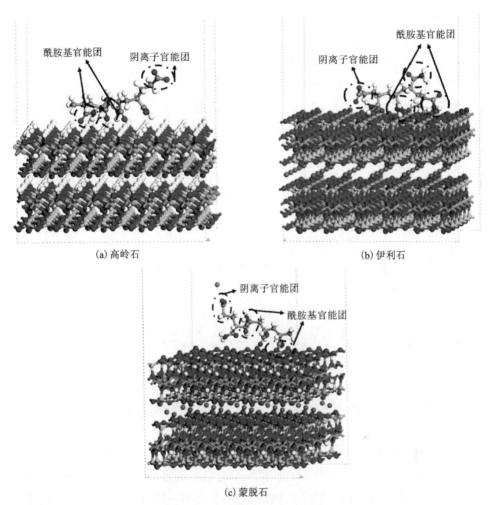

(a) 高岭石　　　　　　　　　　(b) 伊利石

(c) 蒙脱石

图 6-28　APAM 在黏土矿物表面的吸附平衡构型(未显示水)

6.4.2　高分子药剂在不同黏土矿物表面的浓度分布对比

(1)阳离子聚丙烯酰胺 CPAM 的浓度分布对比

图 6-29 为 CPAM 中的 C-C 链浓度分布,由图可知阳离子聚丙烯酰胺在距离高岭石铝氧八面体表面 4.25 Å 后相对浓度开始增加,在 9.33 Å 时形成最强峰;阳离子聚丙烯酰胺在距离高岭石硅氧四面体表面 4.16 Å 后相对浓度开始增加,在 11.50 Å 时形成最强峰;阳离子聚丙烯酰胺在距离伊利石基面 5.19 Å 后相对浓度开始增加,在 6.24 Å 处形成第一个强峰,在 8.32 Å 处形成第二个强峰;阳

离子聚丙烯酰胺在距离蒙脱基面 4.18 Å 后相对浓度开始上升，在 11.39 Å 处形成最强峰。通过结合阳离子聚丙烯酰胺在不同黏土矿物表面的平衡构型可以发现，阳离子聚丙烯酰胺在其铝氧八面体表面吸附时的"平躺"状态，使得阳离子聚丙烯酰胺的相对浓度较为集中，只显示出单一峰值；伊利石则不同，由于阳离子聚丙烯酰胺中的酰胺基与阳离子官能团的吸附，出现了两个强峰；相较于高岭石的铝氧面与伊利石基面，阳离子聚丙烯酰胺在蒙脱石基面和高岭石硅氧面吸附后相对浓度要更低，分布距离跨度要更大，吸附层较为松散。

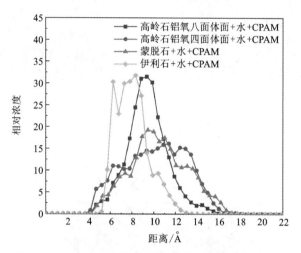

图 6-29　CPAM 在不同黏土矿物表面吸附后浓度分布

（2）阴离子聚丙烯酰胺 APAM 的浓度分布对比

图 6-30 为 APAM 在不同黏土矿物表面吸附后浓度分布对比。由图中可知，阴离子聚丙烯酰胺在距离高岭石铝氧面 2.84 Å 时相对浓度开始增加，在 7.87 Å 时形成最强峰；阴离子聚丙烯酰胺在距离高岭石硅氧面 2.84 Å 时相对浓度开始增加，在 9.9 Å 时形成最强峰；阴离子聚丙烯酰胺在距离伊利石基面 5.50 Å 时相对浓度开始增加，在 6.65 Å 处形成第一个强峰，在距离 8.68 Å 处形成第二个强峰；阴离子聚丙烯酰胺在距离蒙脱石基面 5.55 Å 后相对浓度开始增加，在 10.71 Å 处形成强峰。阴离子聚丙烯酰胺的相对浓度主要集中于黏土矿物表面 2~18 Å 内，更加靠近高岭石铝氧面和伊利石表面，同时浓度的最高峰位置也更加接近两种矿物的表面，说明阴离子型聚丙烯酰在这两种表面的吸附层更加密实。

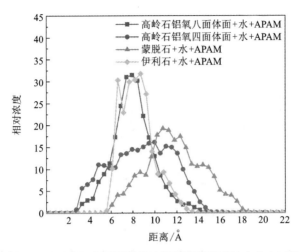

图 6-30　APAM 在不同黏土矿物表面吸附后浓度分布对比

6.4.3　高分子药剂在不同黏土矿物表面的回转半径对比

高分子药剂的回转半径(Radius of gyration)能够反映出药剂的尺寸信息,从而反映高分子链在溶液中的形态。回转半径计算公式见式(6-2)。

$$R_{g} = \left(\frac{\sum_{i} \| r_i \|^2 m_i}{\sum_{i} m_i} \right)^{\frac{1}{2}} \tag{6-2}$$

式(6-2)中:R_g 为回转半径,m_i 为 i 点位置的质量,$\| r_i \|$ 为 i 点到分子链质量中心的矢量。

(1)阳离子聚丙烯酰胺 CPAM 的回转半径

图 6-31 为 CPAM 在不同黏土矿物表面吸附后的回转半径,从图中可观察到,吸附到高岭石铝氧面后,阳离子聚丙烯酰胺的回转半径在 4.8 至 5.6 Å 范围之间,在 5.23 Å 处出现最强的峰;吸附到高岭石硅氧面后,阳离子聚丙烯酰胺的回转半径在 4.2 至 5.8 Å 范围内,强峰位于 4.90 Å 附近;吸附到蒙脱石基面后,阳离子聚丙烯酰胺的回转半径在 4.3 至 5.8 Å 范围内,强峰位于 5.06 Å 附近;吸附到伊利石基面后,阳离子聚丙烯酰胺的回转半径在 4.3 至 5.7 Å 范围内,强峰位于 5.15 Å 附近。对比阳离子聚丙烯酰胺吸附到不同黏土矿物表面后的回转半径,发现高岭石表面阳离子聚丙烯酰胺的回转半径最大,说明其对药剂分子多个官能团有着较强的吸附,与阳离子聚丙烯酰胺分子在吸附平衡后的空间结构相对应。

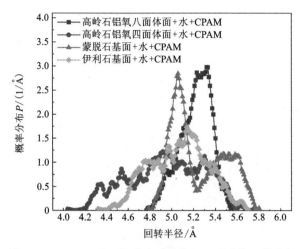

图 6-31　CPAM 在不同黏土矿物表面吸附后的回转半径

（2）阴离子聚丙烯酰胺 APAM 的回转半径

图 6-32 为 APAM 在不同黏土矿物表面吸附后的回转半径，由图可知，阴离子型聚丙烯酰胺回转半径集中分布在 3 至 4 范围内，小于阳离子型聚丙烯酰胺的，说明阴离子型聚丙烯酰胺在黏土矿物表面吸附后分子链更加卷曲，这是由于阴离子型聚丙烯酰胺在黏土矿物表面的吸附机理主要是氢键的吸附作用，而阳离子聚丙烯酰胺除了氢键外还存在着多个阳离子基团与矿物表面间的吸附作用。

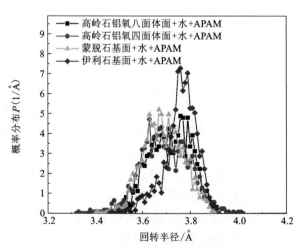

图 6-32　APAM 在不同黏土矿物表面吸附后的回转半径

第 7 章　黏土矿物的宏观固液分离效果

本章主要探讨了聚丙烯酰胺(PAM)、阴离子聚丙烯酰胺(APAM)和阳离子聚
丙烯酰胺(CPAM)单独使用以及与 Ca^{2+} 联合使用对高岭石、伊利石与蒙脱石的宏
观絮凝沉降效果影响,进一步探讨了黏土矿物含量对煤泥脱水效果的影响和
APAM 在煤泥表面的吸附特性。

7.1　CPAM 对黏土矿物的作用效果

7.1.1　黏土矿物的沉降效果

图 7-1 为 CPAM(阳离子聚丙烯酰胺)对高岭石、伊利石与蒙脱石的沉降效
果,由图可知,阳离子聚丙烯酰胺对三种黏土矿物的沉降效果差别较大,对高岭
石的沉降效果最佳,伊利石次之,而对蒙脱石悬浮液几乎没有沉降效果,阳离子
聚丙烯酰用量(用体系中药剂的总浓度表示)为 15 mg/L 时,高岭石悬浮液上层清

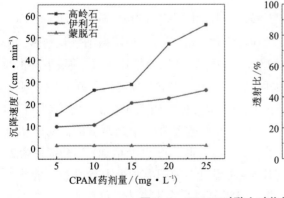
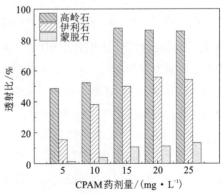

图 7-1　CPAM 对黏土矿物的沉降效果

液的透射比达到最大值(87.6%)，伊利石在阳离子聚丙烯酰用量为 20 mg/L 时透射比最大(55.8%)，在所研究的药剂浓度范围内，阳离子聚丙烯酰对蒙脱石悬浮液的澄清度无明显改善，悬浮液透射比低，浊度高。

图 7-2 为 Ca^{2+} 与 CPAM(固定药剂量 15 mg/L)联合使用的效果，由图可知，Ca^{2+} 与阳离子聚丙烯酰联合使用后，高岭石悬浮液的沉降速度与透射比略有提高，伊利石的沉降速度随着 Ca^{2+} 离子浓度的增加，由 20.37 cm/min 增加到 49.8 cm/min，透射比最大值为 74.6%，效果明显。对于蒙脱石悬浮液，当 Ca^{2+} 离子浓度超过为 15 mmol/L 时，蒙脱石悬浮液中出现了较为明显的沉降现象，伴随较为清晰的沉降界面，此时悬浮液中絮团的沉降速度大幅增加，Ca^{2+} 离子浓度为 20 mmol/L 时，蒙脱石上层清液的透射比达最大值45.6%。

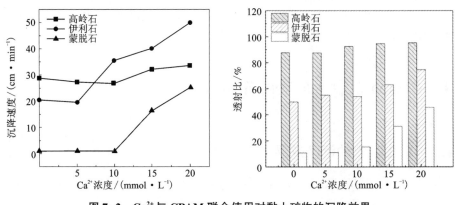

图 7-2 Ca^{2+} 与 CPAM 联合使用对黏土矿物的沉降效果

7.1.2 黏土矿物的絮团粒径

图 7-3 为 CPAM(阳离子聚丙烯酰胺)对黏土矿物絮团粒径的影响。d_{10}，d_{50} 和 d_{90} 分别表示累计体积分数 10%、50%、90%，d_{10} 越小，说明微细颗粒越多，d_{90} 越大，说明大颗粒越多，d_{50} 可以粗略地反映样品颗粒的平均粒度。从图 7-3 的 d_{10} 分布图中可知，阳离子聚丙烯酰胺的加入会使高岭石颗粒的细颗粒粒径明显增加，随着药剂量的增加，高岭石悬浮液的 d_{10} 粒度从 0.426 μm 增加到 12.04 μm，这说明阳离子聚丙烯酰胺对高岭石细颗粒的絮凝作用是显著的。对于伊利石悬浮液，当阳离子聚丙烯酰胺用量为 15 mg/L 时，d_{10} 开始增加，当药剂量为 25 mg/L 时，d_{10} 增加到 7.17 μm，说明需要使用更多的阳离子聚丙烯酰胺才能降低伊利石悬浮液中的微细颗粒占比，并且阳离子聚丙烯酰胺对伊利石微细颗粒的絮凝作用要弱于对高岭石的。阳离子聚丙烯酰胺用量为 5~25 mg/L，几乎不能够改

变蒙脱石的微细粒颗粒占比,絮凝效果差。

从图 7-3 的 d_{50} 分布图可知,阳离子聚丙烯酰胺能够显著增大高岭石、伊利石与蒙脱石悬浮液的平均粒度,阳离子聚丙烯酰胺对高岭石悬浮液平均粒度的提高幅度最大,在阳离子聚丙烯酰胺用量 0 至 25 mg/L 范围内分别使三种黏土矿物的平均粒度从 2.842 μm、3.79 μm、0.557 μm 增加至 33.5 μm、31.41 μm、34.76 μm。图 7-3 的 d_{90} 分布图及综合数据表明,阳离子聚丙烯酰胺更容易对蒙脱石的大颗粒产生絮凝作用,使其悬浮液中的大颗粒明显增加。

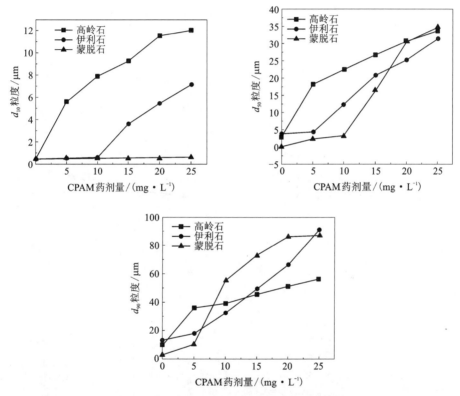

图 7-3　CPAM 对黏土矿物絮团粒径的影响

图 7-4 是 15 mg/L 的阳离子聚丙烯酰胺作用下的黏土矿物絮团形貌,可以看出高岭石、伊利石的絮团颗粒较为密实,而蒙脱石絮团十分松散,这种絮团更容易在水流扰动中破裂。

图 7-5 为 CPAM 浓度为 15 mg/L 时,增加 Ca^{2+} 离子浓度对矿物粒径的影响,从图中可知,Ca^{2+} 离子浓度增加对于高岭石与伊利石的 d_{10} 粒度级粒度改变较小,对蒙脱石 d_{10} 颗粒粒径的影响较大,尤其是在 Ca^{2+} 离子浓度达 15 mmol/L 之后,

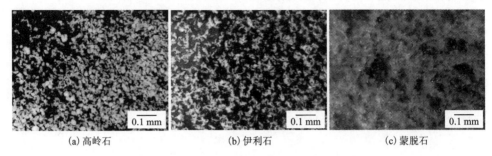

(a) 高岭石　　　　　　　　(b) 伊利石　　　　　　　　(c) 蒙脱石

图 7-4　CPAM 作用下的黏土矿物絮团形貌

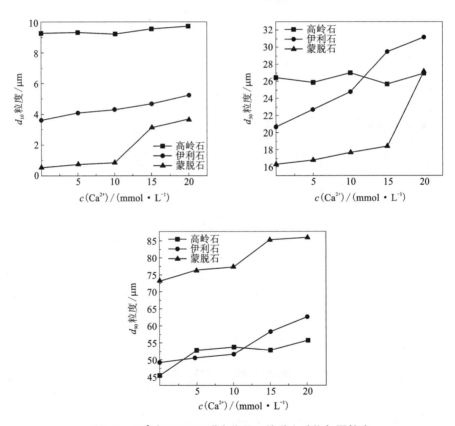

图 7-5　Ca²⁺ 与 CPAM 联合作用下的黏土矿物絮团粒度

其 d_{10} 粒度由 0.524 μm 增加到 3.65 μm，蒙脱石的微细颗粒粒径明显增大。结合 Ca^{2+} 离子对蒙脱石沉降效果的影响可知，Ca^{2+} 离子的加入使得阳离子聚丙烯酰胺对蒙脱石微细颗粒的作用效果有所增强，同时降低了蒙脱石颗粒之间的静电斥力，使蒙脱石絮团进一步紧实从而发生沉降，并且从图 7-6 加入 Ca^{2+} 离子后对矿物絮团形貌的影响中可以看出蒙脱石絮团明显变得更加紧实，由原本棉絮状絮团转变为紧实颗粒，而 Ca^{2+} 离子的加入对高岭石与伊利石的絮团形貌影响较小。

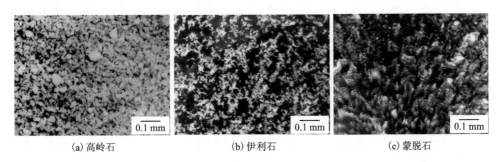

(a) 高岭石　　　　　　　(b) 伊利石　　　　　　　(c) 蒙脱石

图 7-6　Ca^{2+} 与 CPAM 联合作用下的黏土矿物絮团形貌

7.2　APAM 对黏土矿物的作用效果

7.2.1　黏土矿物的沉降效果

图 7-7 为 APAM(阴离子聚丙烯酰胺)对高岭石、伊利石及蒙脱石的沉降效果，从图中观察到随着阴离子聚丙烯酰胺药剂量的增加，高岭石与伊利石的沉降速度有明显增加，当药剂量达到 20 mg/L 时，高岭石的沉降速度最大(86.53 cm/min)，蒙脱石悬浮液加入阴离子聚丙烯酰胺后依旧十分浑浊，未观察到明显的沉降现象。从阴离子聚丙烯酰胺作用下的各黏土矿物悬浮液透射比可知，同等药量下，阴离子聚丙烯酰胺对黏土矿物的澄清效果要弱于阳离子聚丙烯酰胺的，阴离子聚丙烯酰胺的药剂量为 25 mg/L 时，高岭石与伊利石悬浮液的透射比达到最大，分别为74.2% 和 50.9%。

图 7-8 为 Ca^{2+} 与 APAM(固定药剂量 15 mg/L)联合使用对黏土矿物的沉降效果，从图中可知，随着 Ca^{2+} 浓度的增加，三种黏土矿物的沉降速度均有着明显提高，Ca^{2+} 与 APAM 联合作用下，蒙脱石悬浮液的透射比改善显著，能够较为明显著地观测到沉降过程，蒙脱石悬浮液的最大透射比为 61%，Ca^{2+} 与 APAM 的联合作用效果更优于 Ca^{2+} 与 CPAM 的，对于高岭石与伊利石悬浮液，Ca^{2+} 与 APAM 的联合作用同样使透射比有了不同程度的提高，高岭石与伊利石的透射比分别可达95% 和 73%。

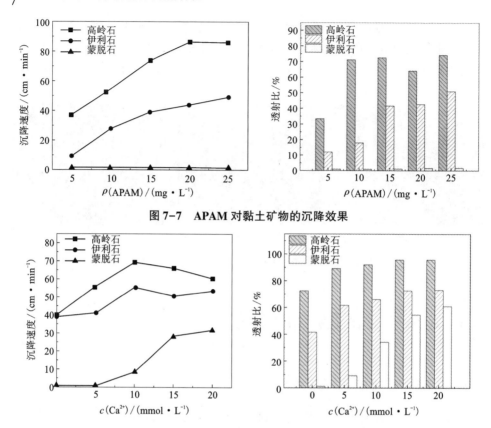

图 7-7　APAM 对黏土矿物的沉降效果

图 7-8　Ca²⁺ 与 APAM 联合使用对黏土矿物的沉降效果

7.2.2　黏土矿物的絮团粒径

　　图 7-9 是 APAM(阴离子聚丙烯酰胺)对高岭石、伊利石与蒙脱石絮团粒径的影响,从图中可知随着阴离子聚丙烯酰胺药剂量的增加,高岭石和伊利石悬浮液中的 d_{10} 颗粒含量明显增加,蒙脱石悬浮液中 d_{10} 颗粒含量有小幅度增加,但 d_{10} 和 d_{90} 颗粒含量无明显变化。整体而言,阴离子聚丙烯酰胺对黏土矿物絮团粒径的增加效果是弱于阳离子聚丙烯酰胺的,并且阴离子聚丙烯酰胺对蒙脱石悬浮液中颗粒的絮凝效果较差,絮团粒度增加不明显,说明阴离子聚丙烯酰胺对于蒙脱石不是理想的絮凝剂。同时,阴离子聚丙烯酰胺对伊利石颗粒的絮凝效果也要弱于阳离子聚丙烯酰胺,需要更大的药剂量才会产生与阳离子聚丙烯酰胺相似的效果。图 7-10 为 APAM 作用下的黏土矿物絮团形貌,阴离子聚丙烯酰胺作用下的高岭石与伊利石絮团比阳离子聚丙烯酰胺作用下的更大,并且网状结构也更加明显,而阴离子聚丙烯酰胺作用下的蒙脱石絮团则比阳离子聚丙烯酰胺的更加松散。

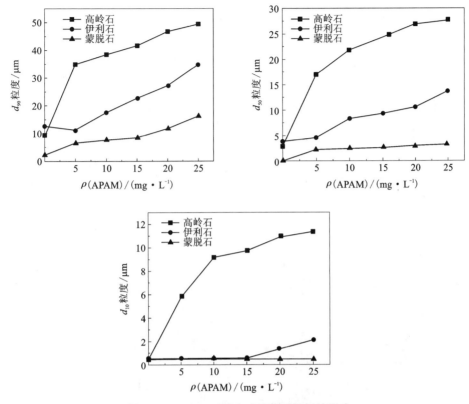

图 7-9　APAM 对黏土矿物絮团粒径的影响

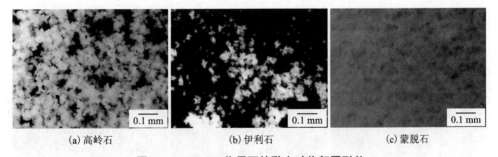

(a) 高岭石　　　　　　(b) 伊利石　　　　　　(c) 蒙脱石

图 7-10　APAM 作用下的黏土矿物絮团形貌

图 7-11 为 Ca^{2+} 与 APAM 联合作用下的黏土矿物絮团粒度,从 d_{50} 和 d_{90} 的粒度变化可知三种黏土矿物的平均粒度及大絮团含量均有所增加,表明 Ca^{2+} 与阴离子聚丙烯酰胺联合作用非常有利于高岭石、伊利石和蒙脱石絮团的生长。从图 7-12 的絮团形貌中可以看出,钙离子与阴离子聚丙烯酰胺联合作用下,伊利石与蒙脱石都出现了更为明显的絮凝现象,尤其对于蒙脱石而言,其悬浮液中出

现了较为清晰的大絮团,进一步改善了蒙脱石的絮凝沉降效果。

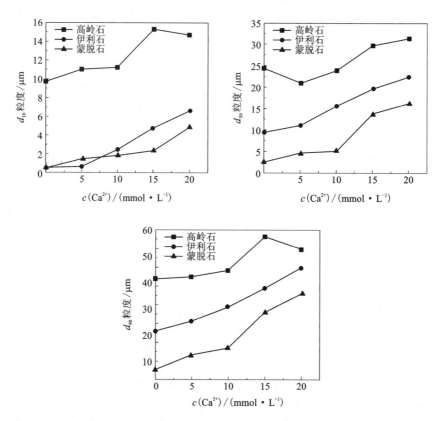

图 7-11　Ca²⁺ 与 APAM 联合作用下的黏土矿物絮团粒度

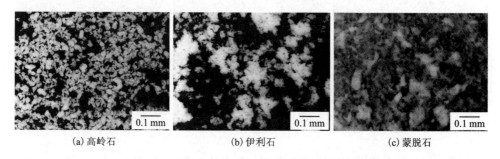

(a) 高岭石　　　　　　(b) 伊利石　　　　　　(c) 蒙脱石

图 7-12　Ca²⁺ 与 APAM 联合作用下的黏土矿物絮团形貌

7.3　PAM 对黏土矿物的作用效果

7.3.1　黏土矿物的沉降效果

图 7-13 为 PAM(聚丙烯酰胺)对高岭石、伊利石及蒙脱石矿物的沉降效果，从图中可知，当 PAM 的药剂量为 25 mg/L 时，高岭石沉降速度为 65.5 cm/min)，伊利石的沉降速度为 31.42 cm/min，蒙脱石悬浮液中未观察到明显沉降现象。高岭石悬浮液的用药浓度为 10 mg/L 时，透射比可达到较高水平，此后药剂量的增加对透射比的影响较小。

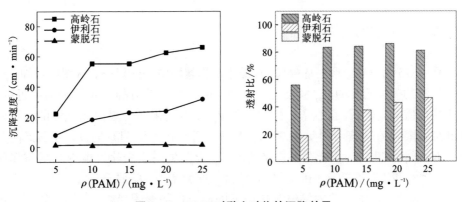

图 7-13　PAM 对黏土矿物的沉降效果

图 7-14 为 Ca²⁺ 与 PAM 联合使用对黏土矿物的沉降效果(固定 PAM 用量为 15 mg/L)，发现高岭石与伊利石的沉降速度受 Ca²⁺ 的影响较大，在同样的聚丙烯酰胺用量下，Ca²⁺ 浓度从 0 提高到 20 mmol/L 后，高岭石的沉降速度由 32.85 cm/min 提高至 63.17 cm/min，伊利石沉降速度则由 22.73 cm/min 提高至 50.87 cm/min，蒙脱石的沉降速度也有一定幅度提高。联合用药情况下，Ca²⁺ 浓度的改变对高岭石悬浮液的透射比影响较小，对伊利石与蒙脱石的透射比有较为明显的提升。

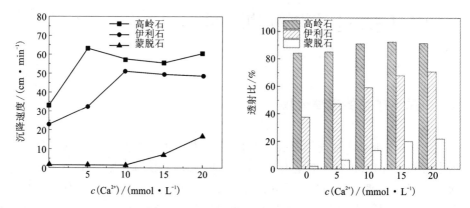

图 7-14   Ca²⁺ 与 PAM 联合使用对黏土矿物的沉降效果

7.3.2   黏土矿物的絮团粒径

图 7-15 为 PAM(聚丙烯酰胺)对黏土矿物絮团粒径的影响,从图中可知,三种黏土矿物未加药时的 d_{10} 粒度几乎一致,说明微细颗粒的分布是较为接近的,聚丙烯酰胺对高岭石、蒙脱石、伊利石的 d_{10} 影响与阳离子聚丙烯酰胺的作用效果相似,聚丙烯酰胺药剂量为 25 mg/L 时,高岭石和伊利石的 d_{10} 分别提高至 10.33 μm 和 5.95 μm,蒙脱石悬浮液的 d_{10} 未发生明显变化。聚丙烯酰胺作用下,高岭石和伊利石的 d_{50} 和 d_{90} 均有较大程度的增加,蒙脱石的 d_{90} 也有一定幅度的增加。图 7-16 为聚丙烯酰胺作用下的黏土矿物絮团形貌,发现高岭石、伊利石和蒙脱石均存在大絮团。

综上所述,高分子药剂单独使用情况下,阳离子型聚丙烯酰胺对高岭石、伊利石和蒙脱石絮团粒度的增加效果最为显著,阴离子型聚丙烯酰胺对高岭石、伊利石和蒙脱石的作用效果较小,非离子型聚丙烯酰胺的作用效果介于两者之间。三种药剂对蒙脱石悬浮液中微细颗粒的去除效果均较差。

图 7-17 是 Ca²⁺ 与 PAM 联合使用下的黏土矿物絮团粒度,随着 CaCl₂ 浓度的增加,高岭石、伊利石和蒙脱石絮团粒度均明显增加。图 7-18 为 Ca²⁺ 与 PAM 联合使用下的黏土矿物絮团形貌,可观察到明显的大絮团。

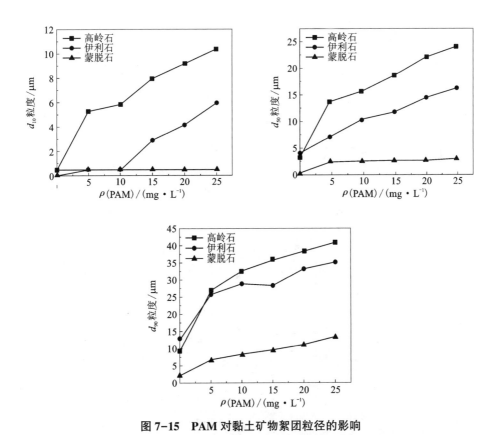

图 7-15 PAM 对黏土矿物絮团粒径的影响

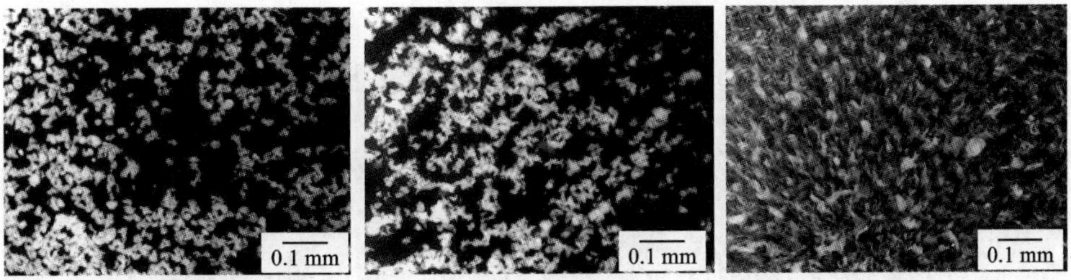

图 7-16 PAM 作用下的黏土矿物絮团形貌

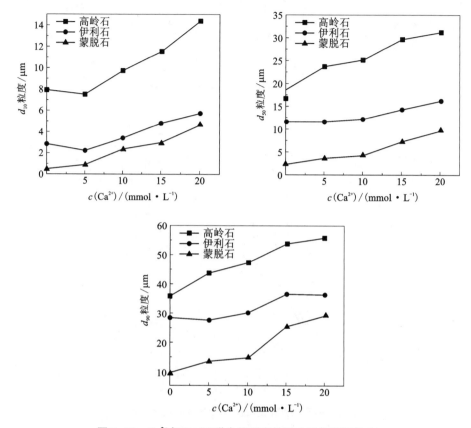

图 7-17　Ca²⁺与 PAM 联合使用下的黏土矿物絮团粒度

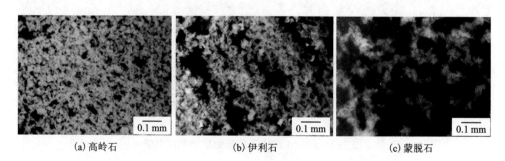

(a) 高岭石　　　　　　(b) 伊利石　　　　　　(c) 蒙脱石

图 7-18　Ca²⁺与 PAM 联合使用下的黏土矿物絮团形貌

7.4　黏土矿物对煤泥脱水的影响

为了探讨黏土矿物含量对煤泥脱水的影响，将煤与高岭石或蒙脱石按比例混合，进行真空抽滤试验，煤样来源于山西长治，粒度组成以细颗粒为主，-0.074 mm部分占55%，选用的高岭石和蒙脱石样品的中值粒径 d_{50} 分别为 6.34 μm 和 9.77 μm。

7.4.1　煤泥脱水速度

脱水速度是衡量脱水效果的重要指标，通常由滤液体积-时间关系曲线的斜率反映，由图 7-19 可知，含有高岭石和蒙脱石的样品的过滤速度均小于原煤的，随着煤泥水中高岭石和蒙脱石含量的增加，过滤曲线的斜率减小，说明脱水速度逐渐降低，蒙脱石对脱水速度的恶化程度要远高于高岭石，尤其是在蒙脱石含量达到5%和10%以后，需要至少 30 min 完成脱水试验。

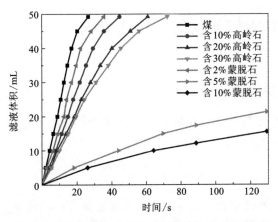

图 7-19　高岭石和蒙脱石对煤泥脱水速率的影响

7.4.2　煤泥滤饼水分

在滤饼水分方面（图 7-20 所示），含有5%和10%蒙脱石的滤饼的水分远远高于其他情况，原煤滤饼水分仅为21.26%，含有10%高岭石和10%蒙脱石的滤饼水分分别为24.38%和41.99%。随着高岭石含量的增加，滤饼水分增加，但增加幅度较小，随着蒙脱石含量的增加，滤饼水分大幅度增加，2%蒙脱石对煤泥脱水速度和滤饼水分的影响较小，但当蒙脱石含量增加到5%时，对脱水的恶化就非常严重,因此2%和5%之间存在蒙脱石恶化煤泥脱水的临界值。

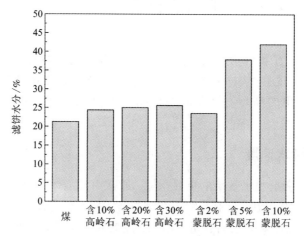

图 7-20　高岭石和蒙脱石对煤泥滤饼水分的影响

7.5　黏土矿物对煤泥滤饼结构的影响

7.5.1　煤泥滤饼比阻

滤饼平均比阻可用于定量评价滤饼的过滤性能,比阻越大,过滤性能越差,滤饼平均比阻根据 Ruth 公式计算:

$$u = \frac{\mathrm{d}V}{A\mathrm{d}t} = \frac{\Delta P(1-ms)A}{\mu\alpha_{av}(V+V_m)\rho s} \tag{7-1}$$

式(7-1)中 u 是过滤速度(m/s), V 是滤液体积(m³), V_m 是当量滤液体积(m³), t 是过滤时间(s), A 是有效过滤面积(m²), μ 是滤液黏度(Pa·s), ΔP 是过滤压力(Pa), m 为固液比, s 是固体含量, ρ 是滤液密度(kg/m³), α_{av} 是滤饼平均比阻(m/kg)。

由表 7-1 可知,原煤滤饼的平均比阻为 1.98×10^7 m/kg,表明原煤滤饼的可过滤性较好,当煤中含有黏土矿物后,其滤饼比阻增大,当高岭石浓度从 10%增加到 30%时,平均比阻由 2.35×10^8 m/kg 提高到 4.51×10^8 m/kg,当蒙脱石浓度从 2%增加到 10%时,滤饼比阻从 4.30×10^7 提高到 8.05×10^9 m/kg,含有蒙脱石的滤饼比阻更高,表现出更差的过滤性能。

表 7-1　不同高岭石和蒙脱石含量的滤饼平均比阻

序号	样品成分组成(质量百分比)	平均比阻/(m·kg⁻¹)
1	100%煤	$1.98×10^7$
2	90%煤+10% 高岭石	$2.35×10^8$
3	80%煤+20% 高岭石	$3.68×10^8$
4	70%煤+30% 高岭石	$4.51×10^8$
5	98%煤+2% 蒙脱石	$9.80×10^7$
6	95%煤+5% 蒙脱石	$4.28×10^9$
7	90%煤+10% 蒙脱石	$8.05×10^9$

7.5.2　煤泥滤饼孔隙率

　　将滤饼从上到下切为上、中、底三层（如图 7-21 所示），通过图像分析方法计算孔隙率，结果见图 7-22，由图可知，由于细粒高岭石和蒙脱石对滤饼孔隙的堵塞，随着高岭石和蒙脱石含量的升高，孔隙率降低，所有滤饼中，上层的孔隙率最低，底层的孔隙率最高，含有蒙脱石的滤饼的孔隙率要低于含有高岭石的滤饼的，尤其是上层和中层，孔隙率越小，水分渗透越困难，从而降低脱水效果。

图 7-21　滤饼纵剖图

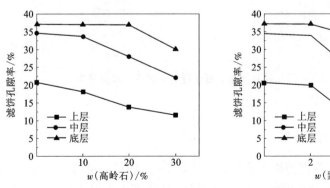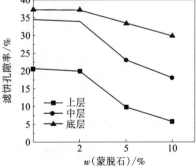

图 7-22　不同高岭石和蒙脱石含量的滤饼孔隙率

7.6 煤泥滤饼中黏土与水分的分布特性

7.6.1 滤饼中黏土矿物的分布

研究蒙脱石或高岭石在煤泥滤饼中的分布情况,可进一步帮助解释黏土矿物对煤泥脱水的恶化作用,由于煤的灰分是固定的,不同样品滤饼的灰分变化必然是由加入的高岭石或蒙脱石引起的,因此可通过滤饼不同位置的灰分变化来分析高岭石和蒙脱石的分布情况,结果如图7-23所示,从图中可观察到,对于原煤滤饼,上、中、下三层中的灰分相似,当滤饼中存在高岭石和蒙脱石后,灰分分布发生了变化,灰分越高的位置,说明高岭石和蒙脱石的含量越高。根据灰分变化情况可知,高岭石在煤泥滤饼的上、中、底三层均有分布,随着高岭石含量的增加,不用位置的高岭石含量均增加,大多数高岭石存在于滤饼上层,其次为中层,底层中含量最少。蒙脱石主要存在于煤泥滤饼上层,少量存在于中层,底层中几乎不存在蒙脱石,因此,黏土矿物(尤其是蒙脱石)对煤泥脱水的恶化是由于其在滤饼上层沉积,形成封闭层,阻碍水分渗透导致的,这也与真空抽滤试验方式有关。

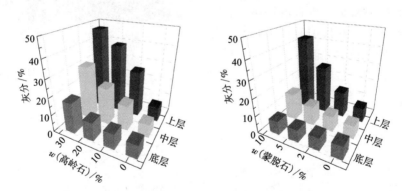

图7-23 不同高岭石和蒙脱石含量的滤饼中的灰分分布

7.6.2 滤饼中水分的分布

图7-24为水分在煤泥滤饼中的分布,结果表明,滤饼上层的水分最大,底层水分含量最小,这与在黏土中的分布一致,随着高岭石含量的增加,不同滤饼层中水分的增加较少,而蒙脱石对水分的影响更大,随着蒙脱石含量的增加,不同滤饼层中的水分均大幅度提高。

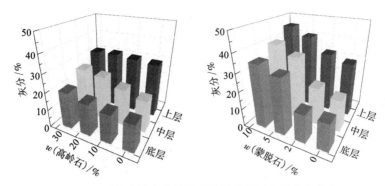

图 7-24　不同高岭石和蒙脱石含量的滤饼中的水分分布

7.7　APAM 在煤泥表面的吸附特性

本节以山西地区某动力煤选煤厂的煤泥水为研究对象，采用分光光度比色法探究了一种常用絮凝剂——APAM(阴离子聚丙烯酰胺)在煤泥上的吸附特性。

7.7.1　煤泥与药剂特性分析

所用煤泥水呈弱碱性，电导率较高，总体粒度在 0.5 mm 以下，中值粒度 d_{50} 为 59.65 μm，即 60 μm 以下颗粒占 50%，细粒级颗粒含量较高。图 7-25 为煤泥的 XRD 图，图谱中矿物质的衍射峰数量多且高，峰形狭窄、尖锐对称，矿物质结晶度较高，且图谱基线较低，说明煤泥中精煤含量较低，黏土矿物含量较高，主

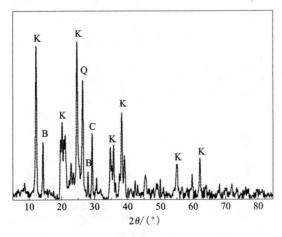

(K—高岭石，B—软铝石，Q—石英，C—方解石)

图 7-25　煤泥 XRD 图谱

要矿物类型是高岭石、石英、方解石和软铝石。

图 7-26 为煤泥 XPS 宽扫图，为方便观察，将原始曲线进行了光滑处理，由图可知，XPS 曲线含有大量的小峰，表明煤泥元素组成复杂，可看到煤泥中主要元素有 C, O, N, Al, Si, Ca 等，其中 C 和 O 的峰最为明显，这些元素主要来自煤泥中的煤及无机矿物，与 XRD 图谱吻合。

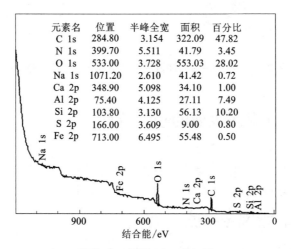

元素名	位置	半峰全宽	面积	百分比
C 1s	284.80	3.154	322.09	47.82
N 1s	399.70	5.511	41.79	3.45
O 1s	533.00	3.728	553.03	28.02
Na 1s	1071.20	2.610	41.42	0.72
Ca 2p	348.90	5.098	34.10	1.00
Al 2p	75.40	4.125	27.11	7.49
Si 2p	103.80	3.130	56.13	10.20
S 2p	166.00	3.609	9.00	0.80
Fe 2p	713.00	6.495	55.48	0.50

图 7-26　原泥 XPS 宽扫图

图 7-27 为阴离子聚丙烯酰胺(APAM)的 XPS 宽扫图，分析结果表明所用阴离子聚丙烯酰胺(APAM)中的主要元素有 C, O, N, Cl 和 Na 元素，这与理论上阴

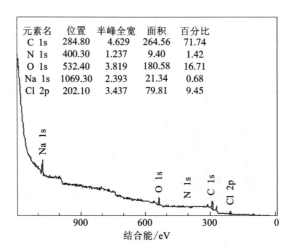

元素名	位置	半峰全宽	面积	百分比
C 1s	284.80	4.629	264.56	71.74
N 1s	400.30	1.237	9.40	1.42
O 1s	532.40	3.819	180.58	16.71
Na 1s	1069.30	2.393	21.34	0.68
Cl 2p	202.10	3.437	79.81	9.45

图 7-27　阴离子聚丙烯酰胺(APAM)的 XPS 宽扫图

离子聚丙烯酰胺絮凝剂的元素特性相符，阴离子聚丙烯酰胺主要含有酰胺官能团和一定比例的—COONa 官能团，—COONa 在水中会水解成—COO⁻阴离子官能团，从而发挥架桥絮凝作用。

7.7.2　APAM 的吸附特性与作用效果

图 7-28 为 APAM(阴离子聚丙烯酰胺)在煤泥上的等温吸附曲线和吸附效率，由图可知，随着阴离子聚丙烯酰胺用量的增加，阴离子聚丙烯酰胺用量在煤粉上的吸附量先快速增加，然后趋于稳定，2.5 h 后达到吸附饱和，饱和吸附量约为 0.74 mg/g。用吸附量与加药量的比值表示阴离子聚丙烯酰胺用量的吸附效率，发现随着阴离子聚丙烯酰胺用量的增加，阴离子聚丙烯酰胺用量的吸附效率逐渐降低，这与颗粒表面有效吸附位置的减少有关。当药剂量为 1.8 kg/t 时，阴离子聚丙烯酰胺用量的吸附效率仅为 35%，即约 65% 的 APAM 残余在上清液中。

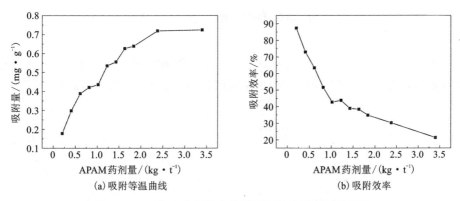

图 7-28　APAM 在煤泥上的等温吸附曲线和吸附效率

进一步研究了不同 APAM 用量下上清液的澄清度，由图 7-29 可知，阴离子聚丙烯酰胺用量在 0.6 至 0.8 kg/t 之间时，药剂吸附效率为 63%~51%，对应的透射比在 90% 以上，澄清度和除浊效果最好，絮团大且密实，说明阴离子聚丙烯酰胺药剂的吸附效率与其絮凝效果密切相关。

7.7.3　煤泥吸附 APAM 前后的 XPS 分析

图 7-30 为原煤泥与 APAM(阴离子聚丙烯酰胺)作用后絮团的 XPS 图。C 的 XPS 常见结合能：C—C 为 284.8 eV , C—O—C 为 286 eV 左右，O—C ═O 为 288.5 eV，C—N 结合能在 401 eV 附近，由图 7-30 可知，C1s 图中主峰尖锐，周围无明显小峰，说明原煤中 C 主要以 C—C 结构存在，C—O，C ═O 等结构较少，原煤含有少量 C—N 官能团，阴离子聚丙烯酰胺在煤上的吸附使得含 C 峰和含 N

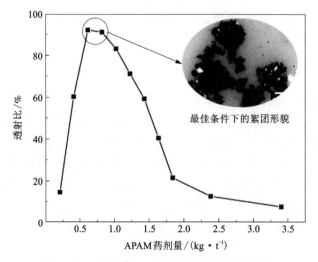

图 7-29　不同 APAM 用量下的上清液透射比

峰发生了一些变化，C ═C 和 C ═O 及 C—N 官能团有所增加，这是由于阴离子聚丙烯酰胺均含有此类官能团，但由于吸附量较低，整体变化幅度较小。

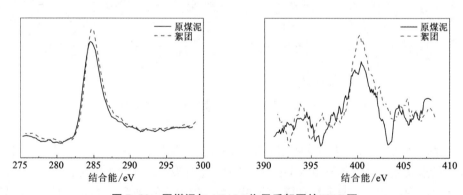

图 7-30　原煤泥与 APAM 作用后絮团的 XPS 图

参考文献

[1]中国煤炭工业协会.中国煤炭工业科学技术发展报告(2016—2020)[M].北京：应急管理出版社，2021.

[2]中国煤炭工业协会.中国煤炭工业改革开放40年回顾与展望(1978—2018)[M].北京：煤炭工业出版社，2018.

[3]刘炯天.煤炭工业"三废"资源综合利用[M].北京：化学工业出版社，2016.

[4]张福田.分子界面化学基础[M].上海：上海科学技术文献出版社，2006.

[5]罗茜.固液分离[M].北京：冶金工业出版社，1997.

[6]范奥尔芬.黏土胶体化学导论[M].北京：农业出版社，1982.

[7]张明旭.选煤厂煤泥水处理[M].徐州：中国矿业大学出版社，2005.

[8]张志军，刘炯天.水质调控与煤泥水处理[M].北京：冶金工业出版社，2019.

[9]宋少先.疏水絮凝理论与分选工艺[M].北京：煤炭工业出版社，1993.

[10]陈建华.硫化矿物浮选晶格缺陷理论[M].长沙：中南大学出版社，2012.

[11]陈敏伯.计算化学：从理论化学到分子模拟[M].北京：科学出版社，2009.

[12]樊玉萍.煤泥水沉降特性研究[M].长沙：中南大学出版社，2020.

[13]刘令云.煤泥水中微细高岭石颗粒表面水化作用机理及聚团分选研究[M].徐州：中国矿业大学出版社，2019.

[14]王晓雯.聚电解质在固-液界面上的行为[D].合肥：中国科学技术大学，2014.

[15]Shaw D J. Introduction to colloid and surface chemistry (colloid and surface engineering)[M]. Oxford Butterworth-Heinemann, 1992.

[16]Wang C, Harbottle D, Liu Q, et al. Current state of fine mineral tailings treatment: A critical review on theory and practice[J]. Minerals Engineering, 2014, 58(4): 113-131.

[17]冯莉，刘炯天，张明青，等.煤泥水沉降特性的影响因素分析[J].中国矿业大学学报，2010，39(5)：671-675.

[18]董宪姝.煤泥水处理技术研究现状及发展趋势[J].选煤技术，2018(3)：1-8.

[19]闵凡飞，任豹，陈军，等.基于水化膜弱化促进煤泥脱水机理及试验研究[J].煤炭学报，2020，45(1)：368-376.

[20]张志军，孟齐，刘炯天.选煤水化学——循环煤泥水系统的水化学性质[J].煤炭学报，2021，46(2)：614-623.

[21]张东晨, 陈清如, 张明旭. 煤泥水处理絮凝剂的应用现状及生物型絮凝剂的研发展望[J]. 2004(2): 1-3.

[22]邹文杰, 曹亦俊, 孙春宝, 等. 煤泥选择性絮凝浮选中聚丙烯酰胺的作用机制[J]. 北京科技大学学报, 2016, 38(3): 299-305.

[23]邢耀文, 桂夏辉, 韩海生, 孙伟, 曹亦俊, 刘炯天. 颗粒气泡黏附科学——微纳尺度下颗粒气泡黏附试验研究进展[J]. 煤炭学报, 2019, 44(6): 1857-1866

[24]Sabah E, Cengiz I. An evaluation procedure for flocculation of coal preparation plant tailings [J]. Water Research, 2004, 38(6): 1542.

[25]刘国强, 刘文礼, 王东辉, 杨宗义. 蒙脱石水化膨胀抑制对煤泥水过滤的影响[J]. 煤炭学报, 2018, 43(s2): 553-559.

[26]谢广元, 蒋富歌, 彭耀丽, 倪超. 煤泥水浓缩工艺优化试验研究[J]. 中国矿业大学学报, 2014, 43(5): 899-904.

[27]贾菲菲, 李多松, 张曼, 江继涛, 孙翀. 煤泥水沉降实验研究[J]. 能源环境保护, 2011, 25(2): 21-24.

[28]马晓敏, 樊玉萍, 董宪姝, 侯金瑛, 常明. 药剂吸附与剪切条件对煤泥水絮凝效果的影响[J]. 中国矿业, 2019, 28(4): 156-162.

[29]吕一波, 蒋振东, 张乃旭. 絮凝剂CPBA的合成及其对高泥化煤泥水沉降特性的影响[J]. 黑龙江科技大学学报, 2017, 27(4): 417-422.

[30]程万里, 邓政斌, 刘志红, 童雄. 煤泥浮选中矿物颗粒间相互作用力的研究进展[J]. 矿产综合利用, 2020(3): 48-55.

[31]李振, 颜冬青, 李毅红, 等. 煤泥水处理新方法研究进展及发展趋势[J]. 选煤技术, 2020(1): 1-5.

[32]马力强, 韦鲁滨, 李吉辉, 等. 煤泥高效调浆理论研究与应用[J]. 中国矿业大学学报, 2012(2): 315-319.

[33]董宪姝, 姚素玲, 刘爱荣, 等. 电化学处理煤泥水沉降特性的研究[J]. 中国矿业大学学报, 2010, 39(5): 753-757.

[34]张英杰, 巩冠群, 吴国光. 煤泥水处理方法研究[J]. 洁净煤技术, 2014, 20(3): 1-4.

[35]湛含辉, 张晶晶, 张晓琪, 等. 无机絮凝剂的混凝机理研究[J]. 湖南科技大学学报(自然科学版), 2004, 19(1): 84-87.

[36]石常省, 谢广元, 吴玲. 选煤厂煤泥水闭路循环的分析和探讨[J]. 煤炭加工与综合利用, 2003, 1(1): 4-4.

[37]王东辉, 刘文礼, 徐宏祥. 基于滤饼孔隙结构调控的煤泥水分段过滤研究[J]. 煤炭科学技术, 2018, 46(2): 119-125.

[38]边炳鑫, 陈清如, 韦鲁滨. 药剂磁化处理对煤泥浮选效果影响的研究[J]. 中国矿业大学学报, 2004(3): 343-346.

[39]陈俊涛, 杨露, 张乾龙. 硅藻土基粉体凝聚剂的制备及对煤泥水的处理[J]. 硅酸盐通报, 2015, 34(1): 251-254.

[40]邓小伟, 程敢. 选煤厂煤泥水处理的理论研究进展[J]. 选煤技术, 2019(6): 6-9, 15.

[41] Crawford R J, Mainwaring D E. The influence of surfactant adsorption on the surface characterisation of Australian coals[J]. Fuel, 2001, 80(3): 313-320.

[42] 林喆, 杨超, 沈正义, 等.高泥化煤泥水的性质及其沉降特性[J].煤炭学报, 2010(2): 312-315.

[43] 陈军, 闵凡飞, 刘令云, 等.高泥化煤泥水的疏水聚团沉降试验研究[J].煤炭学报, 2014, 39(12): 2507-2512.

[44] 王卫东, 李昭, 严蕾, 等.微波辐照改变煤泥水沉降过滤性能的机理[J].煤炭学报, 2014, 39(s2): 503-507.

[45] 肖宁伟, 张明青, 曹亦俊.选煤厂难沉降煤泥水性质及特点研究[J].中国煤炭, 2012, 38(6): 77-79.

[46] 张志军, 刘炯天.基于原生硬度的煤泥水沉降性能分析[J].煤炭学报, 2014, 39(4): 757-763.

[47] 王少会, 徐初阳.难净化煤泥水沉降试验研究[J].安徽理工大学学报(自科版), 2004, 24(s1): 83-85.

[48] 刘亚星, 吕一波, 张乃旭.絮凝剂 CPSA 制备及煤泥水沉降试验研究[J].洁净煤技术, 2016, 22(4): 62-67.

[49] 陶亚东, 朱子祺, 张佳彬, 等.上湾选煤厂煤泥水絮凝试验研究与优化[J].煤炭技术, 2018(5): 288-290.

[50] Ciftci H, Isık S. Settling characteristics of coal preparation plant fine tailings using anionic polymers[J]. Korean Journal of Chemical Engineering, 2017, 34(8): 2211-2217.

[51] Hansdah P, Kumar S, Mandre N R. Performance optimization of dewatering of coal fine tailings using Box-Behnken design[J]. Energy Sources Part A Recovery Utilization & Environmental Effects, 2018, 40(1): 75-80.

[52] Lely C. Rivieren en rivierwerken[M]. De gebroeders Van Cleef, 1890.

[53] Sharp L T Salts, Soil-colloids, Soils[J]. Proceedings of the National Academy of Sciences of the United States of America, 1915, 1(12): 563-568.

[54] Wolkoff M I. Studies on soil colloids I. flocculation of soil colloidal solutions[J]. Soil Science, 1916, 1(6): 585-602.

[55] Comber N M. The flocculation of soils. Ⅲ[J]. The Journal of Agricultural Science, 1922, 12(4): 372-386.

[56] Mitchell D R, Eavenson H N. Coal preparation[M]. American Institute of Mining and Metallurgical Engineers, 1943.

[57] Engineer S, Meincke A M. Flocculation and clarification of slimes with organic flocculants [J]. 1939.

[58] Needham L W. Settling of Fine Coal in Water[J]. Colliery Guardian, 1930, 11.

[59] Samuel J O. Some aspects of flocculation[J]. Journal of the Society of Chemical Industry, 1936, 55(35): 669-680.

[60] Minsk L M, Kenyon W O. Process for preparing water-soluble polyacrylamide [Z]. Google

Patents, 1949.

[61] Michaels A S. Aggregation of suspensions by polyelectrolytes[J]. Industrial & Engineering Chemistry, 1954, 46(7): 1485-1490.

[62] Schiller A M, Suen T J. Ionic derivatives of polyacrylamide[J]. Industrial & Engineering Chemistry, 1956, 48(12): 2132-2137.

[63] Osborne D G. Flocculant behaviour with coal—Shale slurries[J]. International Journal of Mineral Processing, 1974, 1(3): 243-260.

[64] 王祖讷. 谈谈煤泥水处理问题[J]. 选煤技术, 1974(6): 20-30.

[65] 许占贤. 第八讲 煤泥水的处理[J]. 选煤技术, 1980(1): 46-54.

[66] 付勇, 刘静泉. 高分子聚丙烯酰胺在选煤厂的应用[J]. 煤炭加工与综合利用, 1985(4): 23-26.

[67] Chai S L, Robinson J, Mei F C. A review on application of flocculants in wastewater treatment [J]. Process Safety and Environmental Protection Transactions, 2014, 92(6): 489-508.

[68] Kranenburg C. The fractal structure of cohesive sediment aggregates[J]. Estuarine Coastal & Shelf Science, 1994, 39(6): 451-460.

[69] Derjaguin B, Landau L. Theory of the stability of strongly charged lyophobic sols and of the adhesion of strongly charged particles in solutions of electrolytes[J]. Progress in Surface, 1993, 14(1-4): 30-59.

[70] Verwey E, Overbeek J, Nes K V. Theory of the stability of lyophobic colloids[J]. The Journal of Physical Chemistry, 1947, 51(3): 631-636.

[71] 刘杰, 赵静, 邹佳运, 等. 聚合氯化铝对贯屯煤泥的助滤机理研究[J]. 煤炭技术, 2017, 36(9): 301-303.

[72] 张敏, 王永田, 刘炯天. 矿物型凝聚剂用于煤泥水澄清[J]. 中国煤炭, 2003, 29(10): 46-47.

[73] 王海番. 选煤厂极细煤泥水单一药剂沉降试验[J]. 煤炭与化工, 2018(6): 110-113.

[74] 冯泽宇, 董宪姝, 马晓敏, 等. 离子特性对煤泥水凝聚过程的影响[J]. 矿产综合利用, 2018(5): 63-67.

[75] 王辉锋. 基于抑制黏土矿物膨胀水化的煤泥水调控机制研究[D]. 北京: 中国矿业大学(北京), 2012.

[76] 刘令云. 煤泥水中高岭石颗粒表面水化作用机理研究[D]. 淮南: 安徽理工大学, 2013.

[77] 毕梅芳. 极软煤泥水性质及溶液化学环境对絮凝影响试验研究[D]. 太原: 太原理工大学, 2009.

[78] 彭陈亮. 煤泥水中微细蒙脱石颗粒表面水化作用机理研究[D]. 淮南: 安徽理工大学, 2013.

[79] 杜佳, 闵凡飞, 刘令云, 等. 煤泥水溶液中水质硬度对伊利石颗粒分散行为的影响[J]. 煤炭技术, 2016, 35(11): 313-315.

[80] 张明青, 刘炯天, 王永田. 水质硬度对煤泥水中煤和高岭石颗粒分散行为的影响[J]. 煤炭学报, 2008, 33(9): 1058-1062.

[81] 张志军, 刘炯天, 冯莉, 等. 基于 DLVO 理论的煤泥水体系的临界硬度计算[J]. 中国矿业大学学报, 2014, 43(1): 120-125.

[82] Lin Z, Li P, Hou D, et al. Aggregation mechanism of particles: Effect of Ca^{2+} and polyacrylamide on coagulation and flocculation of coal slime water containing illite[J]. Minerals, 2017, 7(2): 30.

[83] Xing Y, Gui X, Cao Y. Effect of calcium ion on coal flotation in the presence of kaolinite clay [J]. Energy & Fuels, 2016, 30(2): 1517-1523.

[84] 贺斌, 董宪姝, 樊玉萍, 等. 基于 EDLVO 理论的煤泥水沉降机理的研究[J]. 煤炭技术, 2014, 33(4): 249-251.

[85] 郭玲香, 欧泽深, 胡明星. 煤泥水悬浮液体系中 EDLVO 理论及应用[J]. 中国矿业, 1999 (6): 69-72.

[86] Long J, Xu Z, Masliyah J H. Role of illite-illite interactions in oil sands processing[J]. Colloids & Surfaces A Physicochemical & Engineering Aspects, 2006, 281(1): 202-214.

[87] Gui X, Xing Y, Rong G, et al. Interaction forces between coal and kaolinite particles measured by atomic force microscopy[J]. Powder Technology, 2016, 301: 349-355.

[88] Liu J, Xu Z, Masliyah J. Colloidal forces between bitumen surfaces in aqueous solutions measured with atomic force microscope [J]. Colloids & Surfaces A Physicochemical & Engineering Aspects, 2005, 260(1): 217-228.

[89] 闵凡飞, 张明旭, 朱金波. 高泥化煤泥水沉降特性及凝聚剂作用机理研究[J]. 矿冶工程, 2011, 31(4): 55-58.

[90] 罗慧. 阳离子型聚丙烯酰胺的絮凝性能研究[J]. 应用化工, 2006, 35(11): 864-866.

[91] 赵兵兵. 两性离子型聚丙烯酰胺在煤泥水处理中的研究[J]. 煤炭加工与综合利用, 2018 (1): 28-30.

[92] 聂容春, 徐初阳, 郭立颖. 不同类型聚丙烯酰胺对煤泥水的絮凝作用[J]. 煤炭科学技术, 2005, 33(2): 66-68.

[93] 马正先, 佟明煜, 朴正武. pH 对煤泥水絮凝沉降的影响[J]. 环境工程学报, 2010, 4(3): 487-491.

[94] 李西明. 阴离子型聚丙烯酰胺在絮凝沉降实验中的应用[J]. 矿业安全与环保, 2012, 39(s1): 47-48.

[95] 郑继洪, 徐初阳, 聂容春, 等. 阳离子型聚丙烯酰胺的絮凝性能研究[J]. 中国煤炭, 2013, 39(4): 78-81.

[96] 徐初阳, 罗慧, 聂容春, 等. 聚丙烯酰胺的性质对煤泥水絮凝效果的影响[J]. 煤炭技术, 2004, 23(1): 63-66.

[97] 徐初阳, 王少会. 絮凝剂和凝聚剂在煤泥水处理中的复配作用[J]. 矿冶工程, 2004, 24(3): 41-43.

[98] 苏丁, 雷灵琰, 王建新. 凝聚剂、絮凝剂在难净化煤泥水中的使用[J]. 选煤技术, 2000 (2): 10-12.

[99] 匡亚莉, 亓欣, 邓建军, 等. 选煤厂高泥化煤泥水絮凝沉降的实验[J]. 洁净煤技术, 2010,

16(3)：9-13.

[100]降林华，朱书全，邹立壮，等.阳离子高分子絮凝剂在细粒煤泥水中的应用[J].煤炭科学技术，2008，36(5)：97-100.

[101]李瑞琴.沙曲选煤厂煤泥水絮凝沉降的试验研究[J].选煤技术，2003(2)：23-24.

[102]廖寅飞，赵江涛，胡晓东.难沉降煤泥水的凝聚-絮凝沉降试验研究[J].煤炭工程，2010，1(12)：98-100.

[103]柴晓敏.聚丙烯酰胺对煤泥水的净化与助滤性能研究[J].煤炭加工与综合利用，2004(1)：23-26.

[104]贾荣仙，聂容春，邵群.光引发聚合阴离子型聚丙烯酰胺对煤泥水的絮凝作用[J].工业用水与废水，2008，39(6)：75-77.

[105]李丽芳，任利勤，丁光耀，等.聚丙烯酰胺分子量和水解度的实验室煤泥水絮凝沉降试验[J].煤质技术，2016(3)：66-70.

[106]李健，闫龙，亢玉红，等.粉煤灰杂化聚丙烯酰胺絮凝剂的制备及其处理煤泥水的应用研究[J].河南科学，2016，34(10)：1668-1671.

[107]夏仁专.不同阴离子度聚丙烯酰胺与硫酸铝协同作用对煤泥水沉降处理效果的实验研究[J].广东化工，2011，38(5)：129-130.

[108]Duzyol S，Eroz B，Agacayak T，et al. Flocculation of waste water from coal washing plant by polymers in Turkey [C]. International Conference on Engineering and Natural Sciences，ICENS，2015.

[109]Sabah E，Cengiz İ，Erkan Z E. Effect of coagulant-flocculant combinations on settling behavior of coal preparation plant tailings[C]. X. International Mineral Processing Symposium，2004.

[110]Alam N，Ozdemir O，Hampton M A，et al. Dewatering of coal plant tailings：Flocculation followed by filtration[J]. Fuel，2011，90(1)：26-35.

[111]Ofori P，Nguyen A V，Firth B，et al. The role of surface interaction forces and mixing in enhanced dewatering of coal preparation tailings[J]. Fuel，2012，97(7)：262-268.

[112]张明青，刘炯天，李小兵.煤泥水中黏土颗粒对钙离子的吸附实验研究及机理探讨[J].中国矿业大学学报，2004，33(5)：57-61.

[113]周永学，汪树军.改性粉煤灰对水中离子吸附性的研究[J].煤炭转化，1991(4)：48-50.

[114]曹素红，冯莉，燕传勇，等.煤泥对水溶液中 Ca^{2+} 的吸附性能研究[J].环境工程学报，2009，3(5)：787-790.

[115]顾全荣，胡宏纹，王祖讷.金属离子在煤界面吸附对煤成浆性的影响[J].燃料化学学报，1995(4)：435-440.

[116]张明青，刘炯天，周晓华，等.煤泥水中主要金属离子的溶液化学研究[J].煤炭科学技术，2004，32(2)：16-18.

[117]宋玲玲，冯莉，苟远诚，等.高岭土对钙离子的吸附特性研究[J].中国科技论文，2009，4(12)：864-867.

[118]宋玲玲.蒙脱土对钙离子的吸附特性研究[J].宿州教育学院学报，2011，14(4)：146-148.

[119] 陈九顺, 谭占杰, 孟宪胜. 聚丙烯酰胺在硅胶表面上的吸附及其抑制的研究[J]. 高等学校化学学报, 1990, 11(8): 915-917.

[120] 杨继萍, 李惠生, 黄鹏程. XPS 分析部分水解聚丙烯酰胺在石英砂上的静态吸附行为[J]. 高等学校化学学报, 1997, 18(4): 647-651.

[121] 肖庆华, 孙晗森, 杨宇, 等. 聚丙烯酰胺在煤粉上的吸附性能[J]. 钻井液与完井液, 2013, 30(4): 46-48.

[122] 宋湘, 杨冠英, 柯杰, 等. 聚丙烯酰胺在油砂上吸附量和吸附[J]. 化学通报, 1998(1): 39-41.

[123] 胡靖邦, 李学军, 张祥云, 等. 含盐度对部分水解聚丙烯酰胺在矿物表面吸附影响的研究[J]. 油田化学, 1990(3): 244-249.

[124] 侯万国, 蔡西武, 韩书华, 等. 部分水解聚丙烯酰胺在铝镁氢氧化物上的吸附[J]. 高分子学报, 1998, 1(2): 172-176.

[125] 祝艳荣, 刘惠君, 刘维屏. 低浓度范围内聚丙烯酰胺在黏土矿物上的吸附特征[J]. 中国环境科学, 2001, 21(5): 93-97.

[126] 李宜强, 曲成永. 高岭土对聚丙烯酰胺静吸附与动滞留的影响[J]. 海洋石油, 2010, 30(2): 72-76.

[127] 闫佳, 张东晨, 徐敬尧, 等. 煤泥对含聚污水中聚丙烯酰胺的吸附动力学研究[J]. 煤炭科学技术, 2016, 44(2): 185-190.

[128] 曾凡刚, 陈忠, 刘晓, 等. 含石英二元矿物复配物对聚丙烯酰胺吸附的协同效应[J]. 岩矿测试, 2003, 22(2): 134-136.

[129] 樊丽萍, 赵林, 谭欣, 等. 有机改性膨润土对聚丙烯酰胺吸附性能的研究[J]. 工业水处理, 2003, 23(11): 39-42.

[130] 王松林, 刘温霞. 氢氧化镁铝胶体微粒与纤维和阴离子聚丙烯酰胺的吸附[J]. 中国造纸学报, 2004, 19(1): 89-93.

[131] Sauerbrey G. The use of quarts oscillators for weighing thin layers and for microweighing[J]. Z Phys, 1959, 155(2): 206-222.

[132] Kanazawa K K, Gordon J G. Frequency of a quartz microbalance in contact with liquid[J]. Analytical Chemistry, 1985, 57(8): 1770-1771.

[133] Alagha L, Wang S, Xu Z, et al. Adsorption kinetics of a novel organic-inorganic hybrid polymer on silica and alumina studied by quartz crystal microbalance[J]. Journal of Physical Chemistry C, 2011, 115(115): 15390.

[134] Wang S, Zhang L, Yan B, et al. Molecular and surface interactions between polymer flocculant chitosan-g-polyacrylamide and kaolinite particles: Impact of salinity[J]. Journal of Physical Chemistry C, 2015, 119(13): 7327-7339.

[135] Chowdhury I, Duch M C, Mansukhani N D, et al. Deposition and release of graphene oxide nanomaterials using a quartz crystal microbalance. [J]. Environmental Science & Technology, 2014, 48(2): 961-969.

[136] Bakhtiari M T, Harbottle D, Curran M, et al. Role of caustic addition in bitumen-clay

interactions[J]. Energy & Fuels, 2015, 29(1): 58-69.

[137]Alhashmi A R, Luckham P F, Heng J Y Y, et al. Adsorption of high-molecular-weight EOR polymers on glass surfaces Using AFM and QCM-D[J]. Energy & Fuels, 2013, 27(5): 2437-2444.

[138] Klein C, Harbottle D, Alagha L, et al. Impact of fugitive bitumen on polymer-based flocculation of mature fine tailings[J]. Canadian Journal of Chemical Engineering, 2013, 91 (8): 1427-1432.

[139]Deng M, Xu Z, Liu Q. Impact of gypsum supersaturated process water on the interactions between silica and zinc sulphide minerals [J]. Minerals Engineering, 2014, 55 (11): 172-180.

[140]Thio B J, Zhou D, Keller A A. Influence of natural organic matter on the aggregation and deposition of titanium dioxide nanoparticles[J]. Journal of Hazardous Materials, 2011, 189 (1): 556-563.

[141]Chowdhury I, Hou W C, Goodwin D, et al. Sunlight affects aggregation and deposition of graphene oxide in the aquatic environment[J]. Water Research, 2015, 78: 37-46.

[142]Findenig G, Kargl R, Stanakleinschek K, et al. Interaction and structure in polyelectrolyte/clay multilayers: A QCM-D study[J]. Langmuir, 2013, 29(27): 8544-8553.

[143]Li W, Liao P, Oldham T, et al. Real-time evaluation of natural organic matter deposition processes onto model environmental surfaces[J]. Water Research, 2018, 129: 231-239.

[144]Ngang H P, Ahmad A L, Low S C, et al. Adsorption-desorption study of oil emulsion towards thermo-responsive PVDF/SiO$_2$-PNIPAM composite membrane[J]. Journal of Environmental Chemical Engineering, 2017, 5(5): S1040787392.

[145]Slavin S, Soeriyadi A H, Voorhaar L, et al. Adsorption behaviour of sulfur containing polymers to gold surfaces using QCM-D[J]. Soft Matter, 2011, 8(1): 118-128.

[146]姜家良, 王磊, 黄丹曦, 等. QCM-D 与 AFM 联用解析 EfOM 在 SiO$_2$ 改性 PVDF 超滤膜表面的吸附机制[J]. 环境科学, 2016, 37(12): 4712-4719.

[147]杜伟民. 两性 PAM 在纸浆中吸附行为的分析[J]. 造纸化学品, 2011(4): 54-58.

[148]Bing W, Wu K, Ping W, et al. Adsorption kinetics and adsorption isotherm of poly(N-isopropylacrylamide) on gold surfaces studied using QCM-D[J]. Journal of Physical Chemistry C, 2007, 111(3): 1131-1135.

[149] Ali N, Claesson P M. Adsorption properties of polyelectrolyte-surfactant complexes on hydrophobic surfaces studied by QCM-D[J]. Langmuir the Acs Journal of Surfaces & Colloids, 2006, 22(18): 7639.

[150]Zhang Z, Wang C, Yan K. Adsorption of collectors on model surface of Wiser bituminous coal: A molecular dynamics simulation study[J]. Minerals Engineering, 2015, 79: 31-39.

[151]Xia Y, Zhang R, Xing Y, et al. Improving the adsorption of oily collector on the surface of low-rank coal during flotation using a cationic surfactant: An experimental and molecular dynamics simulation study[J]. Fuel, 2019, 235: 687-695.

[152]岳彤，孙伟，陈攀.季铵盐类捕收剂对铝土矿反浮选的作用机理[J].中国有色金属学报，2014(11)：2872-2878.

[153]刘臻，孙泽，于建国.醇胺药剂与石英界面作用的分子动力学模拟[J].华东理工大学学报(自然科学版)，2015，41(1)：9-14.

[154]韩永华，刘文礼，陈建华，等.羟基钙在高岭石两种(001)晶面的吸附机理[J].煤炭学报，2016，41(3)：743-750.

[155]Suter J L. Adsorption of a sodium ion on a smectite clay from constrained Ab initio molecular dynamics simulations [J]. The Journal of Physical Chemistry C, 2016, 112 (48): 18832-18839.

[156]Zhao Q, Burns S E. Molecular dynamics simulation of secondary sorption behavior of montmorillonite modified by single chain quaternary ammonium cations[J]. Environmental Science & Technology, 2012, 46(7): 3999-4007.

[157]Bourg I C, Sposito G. Molecular dynamics simulations of the electrical double layer on smectite surfaces contacting concentrated mixed electrolyte (NaCl-CaCl$_2$)[J]. Journal of Colloid & Interface Science, 2011, 360(2): 701-715.

[158]Xu Y, Liu Y L, He D D, et al. Adsorption of cationic collectors and water on muscovite (001) surface: A molecular dynamics simulation study[J]. Minerals Engineering, 2013, 53(6): 101-107.

[159]Xing X, Lv G, Zhu W, et al. The binding energy between the interlayer cations and montmorillonite layers and its influence on Pb^{2+} adsorption[J]. Applied Clay Science, 2015, 112-113: 117-122.

[160]Peng C, Min F, Liu L. Effect of pH on the adsorption of dodecylamine on montmorillonite: Insights from experiments and molecular dynamics simulations[J]. Applied Surface Science, 2017, 425.

[161]Beena R, Sathish P, Jyotsna T, et al. A molecular dynamics study of the interaction of oleate and dodecylammonium chloride surfactants with complex aluminosilicate minerals[J]. Journal of Colloid & Interface Science, 2011, 362(2): 510-516.

[162]Praus P, Veteška M, Pospíšil M. Adsorption of phenol and aniline on natural and organically modified montmorillonite: Experiment and molecular modelling[J]. Molecular Simulation, 2011, 37(11): 964-974.

[163]Liu X, Zhu R, Ma J, et al. Molecular dynamics simulation study of benzene adsorption to montmorillonite: Influence of the hydration status[J]. Colloids & Surfaces A Physicochemical & Engineering Aspects, 2013, 434(19): 200-206.

[164]Zhu R, Hu W, You Z, et al. Molecular dynamics simulation of TCDD adsorption on organo-montmorillonite[J]. Journal of Colloid & Interface Science, 2012, 377(1): 328-333.

[165]Zhang L, Lu X, Liu X, et al. Surface wettability of basal surfaces of clay minerals: Insights from molecular dynamics simulation[J]. Energy & Fuels, 2016, 30(1).

[166]Zhang J, Clennell M B, Liu K, et al. Methane and carbon dioxide adsorption on illite[J].

Energy & Fuels, 2016, 30(12): 10643-10652.

[167] Lammers L N, Bourg I C, Okumura M, et al. Molecular dynamics simulations of cesium adsorption on illite nanoparticles[J]. Journal of Colloid & Interface Science, 2017, 490: 608-620.

[168] Chen J, Min F F, Liu L, et al. Experimental investigation and DFT calculation of different amine/ammonium salts adsorption on kaolinite [J]. Applied Surface Science, 2017, 419: S1052452325.

[169] Manoj B, Kunjomana A G. Study of stacking structure of amorphous carbon by X-ray diffraction technique[J]. Int. J. Electrochem. Sci, 2012(7): 3127-3134.

[170] Potgieter-Vermaak S, Maledi N, Wagner N, et al. Raman spectroscopy for the analysis of coal: A review[J]. Journal of Raman Spectroscopy, 2011, 42(2): 123-129.

[171] Ye R, Xiang C, Lin J, et al. Coal as an abundant source of graphene quantum dots[J]. Nature Communications, 2013, 4(11): 1-7.

[172] Xiaojiang L I, Hayashi, JunIchiro, et al. FT-Raman spectroscopic study of the evolution of char structure during the pyrolysis of a Victorian brown coal[J]. Fuel, 2006, 85(12): 1700-1707.

[173] Wang C, Han C, Lin Z, et al. Role of preconditioning cationic zetag flocculant in enhancing mature fine tailings flocculation[J]. Energy & Fuels, 2016, 30(7): 5223-5231.

[174] Wender I. Catalytic Synthesis of Chemicals from Coal[J]. Catalysis Reviews, 1976, 14(1): 97-129.

[175] Iwata K, Itoh H, Ouchi K, et al. Average chemical structure of mild hydrogenolysis products of coals[J]. Fuel Processing Technology, 1980, 3(3): 221-229.

[176] Carlson G A. Computer simulation of the molecular structure of bituminous coal[J]. Energy & fuels, 1992, 6(6): 771-778.

[177] Kohn W, Becke A D, Parr R G. Density functional theory of electronic structure[J]. The Journal of Physical Chemistry, 1996, 100(31): 12974-12980.

[178] Parr R G, Yang W. Density-functional theory of the electronic structure of molecules [J]. Annual Review of Physical Chemistry, 1995, 46(1): 701-728.

[179] Heinz H, Lin T J, Mishra R K, et al. Thermodynamically consistent force fields for the assembly of inorganic, organic, and biological nanostructures: The interface force field[J]. Langmuir, 2013, 29(6): 1754-1765.

[180] Alejandre J, Tildesley D J, Chapela G A. Molecular dynamics simulation of the orthobaric densities and surface tension of water[J]. Journal of Chemical Physics, 1995, 102(11): 4574-4583.

[181] Khalkhali M, Kazemi N, Zhang H, et al. Wetting at the nanoscale: A molecular dynamics study[J]. Journal of Chemical Physics, 2017, 146(11): 114704.

[182] Barber C B, Dobkin D P, Huhdanpaa H. The quickhull algorithm for convex hull[R]. ACM Transactions on Mathematical software (TOMS), 1996, 22(4): 469-483.

[183] Liu H, Yu W, Sun Y, et al. Dependence of the mechanism of phase transformation of Fe(Ⅲ)

hydroxide on pH[J]. Colloids & Surfaces A Physicochemical & Engineering Aspects, 2005, 252(2-3): 201-205.

[184] Franklin R E. A study of the fine structure of carbonaceous solids by measurements of true and apparent densities. Part I. Coals[J]. Pesticide Science, 1949, 55(5): 546-552.

[185] Gan H, Nandi S P, Jr P L W. Nature of the porosity in American coals[J]. Fuel, 1972, 51(4): 272-277.

[186] Bodoev N V, Guet J M, Gruber R, et al. FT-i. r. and XRD analysis of sapropelitic coals[J]. Fuel, 1996, 75(7): 839-842.

[187] Takagi H, Maruyama K, Yoshizawa N, et al. XRD analysis of carbon stacking structure in coal during heat treatment[J]. Fuel, 2004, 83(17): 2427-2433.

[188] Manoj B, Kunjomana A G, Chandrasekharan K A. Chemical Leaching of Low Rank Coal and its Characterization using SEM/EDAX and FTIR [J]. Journal of Minerals & Materials Characterization & Engineering, 2009, 8(10): 821-832.

[189] Boral P, Varma A K, Maity S. X-ray diffraction studies of some structurally modified Indian coals and their correlation with petrographic parameters[J]. Current Science, 2015, 108(3): 384-394.

[190] Tomaszewicz M, Mianowski A. Char structure dependence on formation enthalpy of parent coal [J]. Fuel, 2017, 199: 380-393.

[191] Heredy L A, Wender I. Model structure for a bituminous coal[J]. Am. Chem. Soc., Div. Fuel Chem., Prepr. (United States), 1980, 25: 4.

[192] Wiser W H. Conversion of Bituminous Coal to Liquids and Gases: Chemistry and Representative Processes[M]. Springer Netherlands, 1984.

[193] Spiro C L. Space-filling models for coal: A molecular description of coal plasticity[J]. Fuel, 1981, 60(12): 1121-1126.

[194] Zhang D, Tian G. How does stress affect human being-a molecular dynamic simulation study on cortisol and its glucocorticoid receptor[J]. Saudi J Biol Sci, 2017, 24(3): 488-494.

[195] Cross W I, Blagden N, Davey R J, et al. A whole output strategy for polymorph screening: Combining crystal structure prediction, graph set analysis, and targeted crystallization experiments in the case of diflunisal[J]. Crystal growth & design, 2003, 3(2): 151-158.

[196] Huang H, Wang K, Bodily D M, et al. Density Measurements of Argonne Premium Coal Samples[J]. Energy & Fuels, 1996, 9(1): 20-24.

[197] Yongkang L, Liping C, Kechang X. Effects of coal structure on its pyrolysis characteristics under N_2 and Ar atmosphere[J]. Energy Sources, 2001, 23(8): 717-725.

[198] Lu L, Sahajwalla V, Kong C, et al. Quantitative X-ray diffraction analysis and its application to various coals[J]. Carbon, 2001, 39(12): 1821-1833.

[199] Marques M, Suárez-Ruiz I, Flores D, et al. Correlation between optical, chemical and micro-structural parameters of high-rank coals and graphite[J]. International Journal of Coal Geology, 2009, 77(3): 377-382.

［200］Drelich J, Laskowski J S, Pawlik M, et al. Preparation of a coal surface for contact angle measurements［J］. Journal of Adhesion Science & Technology, 1997, 11(11)：1399-1431.

［201］Zhou G, Xu C, Cheng W, et al. Effects of oxygen element and oxygen-containing functional groups on surface wettability of coal dust with various metamorphic degrees based on XPS Experiment［J］. Journal of Analytical Methods in Chemistry, 2015, 2015(1)：467242.

［202］Liu J, Wu J, Zhu J, et al. Removal of oxygen functional groups in lignite by hydrothermal dewatering：An experimental and DFT study［J］. Fuel, 2016, 178：85-92.

［203］陈茹霞, 董宪姝, 樊玉萍, 马晓敏, 冯泽宇, 常明. 高岭石对煤泥脱水效果的影响及机理研究［J］. 矿业研究与开发, 2021, 41(3)：108-112.

［204］谢冬冬, 侯英, 黄贵臣, 陶东平, 韩呈, 王晓丽, 靳达. QCM-D 研究淀粉和油酸钠与磁铁矿的吸附机理［J］. 中南大学学报(自然科学版), 2019, 50(7)：1514-1520.

［205］刘清侠, 单忠健. 阴离子型聚丙烯酰胺对细粒煤的脱水作用［J］. 煤炭加工与综合利用, 1991(5)：34-36.

［206］朱国君, 桂夏辉, 徐中金, 等. 煤泥水中钙镁离子的吸附特性研究［J］. 中国煤炭, 2011, 37(11)：71-74.

［207］马晓敏, 董宪姝, 刘清侠, 樊玉萍, 陈茹霞, 常明. 基于 QCM-D 的金属离子在碳表面吸附脱附行为研究［J］. 矿业研究与开发, 2021, 41(11)：155-161.

［208］王志清, 樊玉萍, 董宪姝, 马晓敏, 常明. 高分子絮凝剂与伊利石颗粒的吸附特性研究［J］. 矿业研究与开发, 2020, 40(11)：136-141.

［209］何宏平, 郭九皋, 朱建喜, 等. 蒙脱石、高岭石、伊利石对重金属离子吸附容量的实验研究［J］. 岩石矿物学杂志, 2001, 20(4)：573-578.